U0151606

高等学校遥感科学与技术系列教材

武汉大学规划教材建设项目资助出版

地理变化检测与分析

赖旭东　李林宜　何丽华　编著

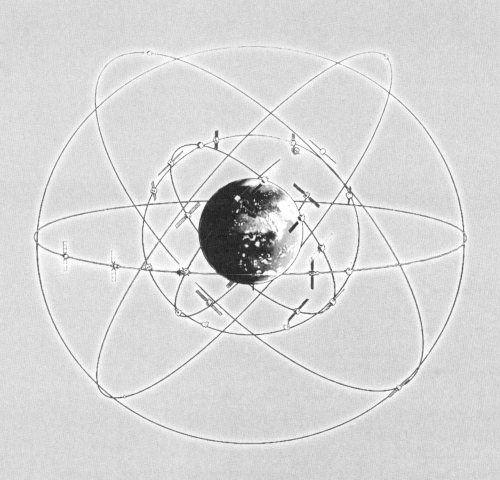

WUHAN UNIVERSITY PRESS
武汉大学出版社

图书在版编目(CIP)数据

地理变化检测与分析/赖旭东,李林宜,何丽华编著.—武汉:武汉大学
出版社,2022.6
高等学校遥感科学与技术系列教材
ISBN 978-7-307-23020-0

Ⅰ.地… Ⅱ.①赖… ②李… ③何… Ⅲ.地理信息系统—高等学
校—教材 Ⅳ.P208.2

中国版本图书馆 CIP 数据核字(2022)第 065619 号

责任编辑:王 荣 责任校对:李孟潇 版式设计:马 佳

出版发行:**武汉大学出版社** (430072 武昌 珞珈山)
(电子邮箱:cbs22@whu.edu.cn 网址:www.wdp.com.cn)
印刷:武汉科源印刷设计有限公司
开本:787×1092 1/16 印张:11.75 字数:276 千字
版次:2022 年 6 月第 1 版 2022 年 6 月第 1 次印刷
ISBN 978-7-307-23020-0 定价:49.00 元

序

  遥感科学与技术本科专业自 2002 年在武汉大学、长安大学首次开办以来，全国已有 40 多所高校开设了该专业。同时，2019 年，经教育部批准，武汉大学增设了遥感科学与技术交叉学科。在 2016—2018 年，武汉大学历经两年多时间，经过多轮讨论修改，重新修订了遥感科学与技术类专业 2018 版本科培养方案，形成了包括 8 门平台课程（普通测量学、数据结构与算法、遥感物理基础、数字图像处理、空间数据误差处理、遥感原理与方法、地理信息系统基础、计算机视觉与模式识别）、8 门平台实践课程（计算机原理及编程基础、面向对象的程序设计、数据结构与算法课程实习、数字测图与 GNSS 测量综合实习、数字图像处理课程设计、遥感原理与方法课程设计、地理信息系统基础课程实习、摄影测量学课程实习），以及 6 个专业模块（遥感信息、摄影测量、地理信息工程、遥感仪器、地理国情监测、空间信息与数字技术）的专业方向核心课程的完整体系。

  为了适应武汉大学遥感科学与技术类本科专业新的培养方案，根据《武汉大学关于加强和改进新形势下教材建设的实施办法》，以及武汉大学"双万计划"一流本科专业建设规划要求，武汉大学专门成立了"高等学校遥感科学与技术系列教材编审委员会"，该委员会负责制定遥感科学与技术系列教材的出版规划、对教材出版进行审查等，确保按计划出版一批高水平遥感科学与技术类系列教材，不断提升遥感科学与技术类专业的教学质量和影响力。"高等学校遥感科学与技术系列教材编审委员会"主要由武汉大学的教师组成，后期将逐步吸纳兄弟院校的专家学者加入，逐步邀请兄弟院校的专家学者主持或者参与相关教材的编写。

  一流的专业建设需要一流的教材体系支撑，我们希望组织一批高水平的教材编写队伍和编审队伍，出版一批高水平的遥感科学与技术类系列教材，从而为培养遥感科学与技术类专业一流人才贡献力量。

2019 年 12 月

1

前　　言

本书是为武汉大学地理国情监测专业本科生的专业必修课程"地理变化检测与分析"教学编写的教材。

本教材所指的地理变化检测与分析技术主要针对地理国情监测的需求，通过对空间及属性数据的比较和解析，检测并分析地理国情的变化情况，是基于测绘、遥感、传感器、数据分析和可视化等新技术的集成技术。对学生而言，"地理变化检测与分析"课程的目标是使其在掌握了地理国情监测的基础理论和基本技术的基础上，通过本课程的学习，成长为能够综合运用基础理论和方法，针对具体应用制定目标、比选数据、设计算法、检测变化、评价结果和预测趋势的专业技术人员。

地理国情监测是动态和长期的过程，只有周期检测，及时发现和确定自然和人文地理要素的动态变化，才能准确掌握地理国情，得到客观科学的成果。地理变化检测与分析是地理国情监测的关键技术与核心内容，是实现从反映现状的静态普查提升到体现变化和分析的动态监测的重要工具。随着国家自然资源部门的整合，地理国情监测整合进入自然资源调查监测体系中，成为常态的国家层面的监测工作之一。相应地，地理变化检测与分析技术也有了更大的应用空间，成为自然资源调查监测的重要支撑技术，其技术方法和成果具有了更高层面和更大范围的应用价值。

地理国情监测中用到的地理变化检测与分析是在遥感变化检测技术上继承和发展而来的。变化检测技术是在遥感、数字图像处理等空间信息处理及应用的过程中零散和自发产生的，随着理论、方法的成熟和应用效果的提升，目前已有了明确的内容、目标和要求。明确的应用需求推动了地理变化检测与分析技术的快速发展，在数据源选择、数据预处理、数据配准、差异检测、确定阈值以及评定精度等多个环节都不断推陈出新，有新的理论和方法出现。目前地理变化检测与分析技术正处于快速发展的时期，不断融合新技术使其处理速度和成果质量提高，不断引入新理论使其可靠性和实用性变强，不断应用于新领域使其社会和经济效益增大。可以预见，在今后的一段时间内，地理变化检测与分析将成为最具吸引力和应用价值的技术方向之一。

本书共6章，第1章、第3章至第5章由赖旭东执笔，第2章由李林宜执笔，第6章由何丽华执笔，全书统稿工作由赖旭东完成。李咏旭、袁逸飞、杨静茹、黄一鸣、吴怡凡等研究生承担了很多资料搜集、文献整理和数据处理等工作。

本书在编写过程中，得到武汉大学遥感信息学院领导和教师的关心和指导，经过地理国情监测系的全体老师多次认真讨论，提出许多宝贵意见。本书还得到湖北省地理国情监测中心的大力帮助和支持，在此一并感谢。

本书吸取和引用了很多专家学者的研究成果，已做了参考引用标识，如有遗漏，敬请指出，将在后续工作中改正。

　　限于水平，无论是内容选择还是文字表达方面，不可避免地存在诸多不足，敬请读者批评指正。

作　者

2022 年 3 月 21 日

目　　录

第1章 绪　　论

1.1　概念

1.1.1　地理变化检测与分析技术的定义

地理变化检测与分析的对象位于地理环境中。地理环境是人类生活的各种环境的总称,可以分为自然环境(大气圈、水圈、岩石圈、生物圈、土壤圈等)与人文环境(历史、文化、经济、社会等)。

地理变化检测与分析技术包括地理变化检测和地理变化分析两个主要过程。地理变化检测是通过对地理环境中的同一地理目标进行不同时间的多次观测,对观测值进行比较和解析,以确定某个地理目标的变化范围、变化程度和变化过程的技术。这里的地理目标主要是指地理环境中存在的各种对象或现象,其具体检测和分析的内容与程度由用户需求确定。

地理变化分析则是对地理变化检测结果进行分析的技术,主要包括对地理变化检测成果的精度和可靠性的分析,对地理变化成因的分析以及对地理变化的影响、趋势的分析等,最终提交分析及预测报告。地理变化分析是地理国情空间数据分析的重要内容,其主要方法和技术在地理国情监测专业课程中有详细介绍,本书关于地理变化分析内容主要包括分析地理变化检测过程,分析和评价影响变化检测质量、精度和效率的因素,对变化检测结果做初步的成因讨论。其他内容可结合地理国情分析与建模专业课程学习。

在遥感地学应用中,地理变化检测与分析面对的主要目标是地形,地形变化检测与分析技术是地理变化检测与分析技术的子集。地形是自然环境中的重要概念之一,是地貌形态和地物形状的总称,具体指地球表面上分布的固定性物体呈现出的高低、大小等各种状态。地理变化有很多种,既包含了地形变化,也包含其他类型信息发生变化而地形没有变化的情况。如果仅仅是目标的属性信息发生变化,而地形没有发生变化,则属于地理变化的范畴,不属于地形变化。例如,某地块大小和形状发生了变化,可以通过地形变化检测方法检测出来;地块植被发生了变化,其光谱、高度及植株形态都会发生变化,也能够通过地形变化检测方法检测出来;但如果仅仅是地块权属发生变化,比如所属人的姓名改变了,这种变化通过地形变化检测技术无法探测,只能通过权属调查等方法获得,这种变化属于地理变化检测与分析,但不属于地形变化检测与分析。尽管地理国情监测包含了地理变化的所有内容,但在具体实践中,受制于应用目的、技术手段和成本等因素,目前还是以地形变化检测为主。随着社会需求的增加和技术的进步,相关基础数据不断丰富和完善，行业对自然地理要素和社会经济要素的变化检测和分析的需求不断增长，地理国情监测对象也会不断丰富和细化，其最终目标是对包含社会要素在内的所有地理要素进行全要素变化检测与分析，也就是完整的地理变化检测与分析。

地理变化检测与分析从检测对象进行定义，表明研究对象是地理目标；遥感变化检测与分析则从技术方法进行定义，表明采用遥感的技术和方法去获取和分析目标的变化情况。地理变化检测的方法有多种，可以使用遥感方法，也可以使用实地调查等其他方法。使用遥感变化检测与分析技术进行地理要素变化检测有很多优点，包括：遥感数据能够准确记录地理目标的状态和变化，基于其能够提供满足监测需求的成果；遥感数据能够快速、便捷地提供地理目标的多时相信息；遥感数据适合检测大范围、远距离、全要素的地理变化；基于遥感数据的变化检测与分析技术的性价比比较高等。地理国情监测中的主要变化是地理要素变化，其主要变化检测方法是遥感，即以遥感技术为主、针对地理目标的变化检测，这也是本书重点介绍的方法。

1.1.2　地理变化检测与分析技术的产生

地理变化检测与分析技术源自遥感、数字图像处理等空间信息处理及应用技术，早期是零散和自发产生的，随着理论、方法的成熟和应用效果的提升，目前已有了明确的内容、目标和要求，成为地理国情监测的支撑技术和重要工具。地理变化检测与分析技术同相关科学技术密不可分，也随着相关科学技术的发展而发展。

世界是客观存在的，具有物质性、变化性和多样性，地理目标变化也是这样的。地理目标的物质性决定了其能够被探测和识别，尽管地理目标变化的位置、种类和程度不尽相同，但它们必然有外在表现，这些外在表现是探测和判定地理变化的依据；地理目标的变化性决定了地理变化检测与分析技术的必要性，正因为地表生态系统在动态演变，地理目标也总是在变化，这些变化会给人类生活带来各种影响，所以要进行变化检测与分析；地理目标的变化具有多样性，这些变化的表现、范围、程度、影响都是不同的，并且一直在变化中，这就要求我们要不断研究地理变化检测与分析技术，提高识别和判断的准确性。这些是地理变化检测与分析技术的科学基础。

地理变化有外在表现，随着技术进步，这些外在表现可以被先进的探测设备（传感器）观测和记录。检测和解析这些观测数据，可以发现和确定地理目标变化的位置、程度和性质。越来越多的先进技术使人类探测和理解地理变化的能力大大增强，例如，以GNSS 技术为代表的空间定位技术、以计算机技术为代表的存储和高性能计算技术、以网络技术为代表的数据传输和信息分发技术、以深度学习理论为代表的先进处理分析技术，等等。这些是地理变化检测与分析技术的技术基础。

传感器性能不断提高，人类探测环境的能力越发强大，获取的信息越来越全面和精细。从可见光、微波到紫外，从单波段、真彩色、多光谱到高光谱、超光谱，从框幅成像、扫描成像到多线阵成像，从正视到侧视，信息越来越全面，特征越来越丰富，种类越来越多；随着定位技术的提高，几何精度从千米级、百米级到米级、分米级、厘米级，乃至毫米级；随着卫星数量的增加和传感技术的进步，几何分辨率从几千米到几十厘米，光谱分辨率从几百纳米到十几纳米，时间分辨率从几十天到几小时；经过几十年的对地观测积累,已经采集和存储了长时间序列的海量观测数据,这些大数据是发现变化、分析变化、掌握变化的前提。这些多角度、多时相、多种类、大范围的大数据,是地理变化检测与分析技术的数据基础。

尽管有不同名称,学者对地理目标进行监测,检测和分析其变化的研究和实践一直在进行,土地利用和土地覆盖、城市变化、森林覆盖、海岸线变动、灾害监测、植被变化检测等都是地理变化检测与分析的重要应用领域,在这些应用实践中研制和发展了多种地理变化检测与分析的理论和方法,涵盖了选择数据源、数据预处理、数据配准、差异检测、确定阈值以及评定精度等多个环节,大大提高了变化检测技术的实用性。图 1-1 展示了自1980 年以来,用于地理变化检测的方法的发展情况,可以看出方法的种类和复杂程度都在不断增加。这是地理变化检测与分析技术的方法基础。

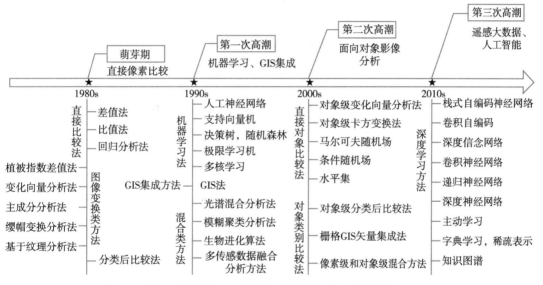

图 1-1 地理变化检测方法发展的时间脉络图(眭海刚等,2018)

经过多年发展,诸多行业应用扩大了地理变化检测与分析技术的影响,验证了其能力,使之为更多用户接受。我国大力实施地理国情监测等自然资源调查监测工程,提升了地理变化检测与分析技术的地位,拓展了其需求,深化了其应用,这是地理变化检测与分析技术的应用基础。

史文中等(2018)总结了光学遥感影像变化检测的不同方法在年代、数量和应用 3个不同的维度上的进展,得到发展矩阵(图 1-2),说明了地理变化检测与分析技术应用的发展。

1.1.3 地理变化检测与分析技术的意义

发现变化、分析变化是地理变化检测与分析技术的核心内容和主要目标。人类生存和发展有诸多影响因素,包括自然、人文、经济和社会等各方面。人类生存和发展依赖于这

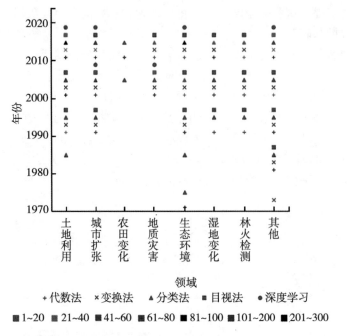

图 1-2　光学遥感影像变化检测的不同方法发展矩阵（史文中等，2018）

些因素，人类活动也有意或无意地改变了这些因素。这些因素的载体是地理环境，其状态或多或少都会在地理环境中反映出来，这些因素的变化也会给地理环境带来相应的变化。人类改造自然的活动，例如，建设水坝、砍伐森林、平整土地等，改变了地表覆盖类型；经济发展要求互通互联，促进了路网发展，增加了城市设施，减少了耕地面积等，也改变了地理环境。通过研究地理变化，不仅能够了解地理环境变化，也能掌握以其为载体的诸多因素的变化，深入理解变化原因、后果和趋势，据此制定合理的建设规划和发展政策，更好地推动社会发展。通过研究道路扩展状况和密集程度，可以掌握区域内经济活跃地区的成因、分布和状态，制定对应的政策和措施去推动或引导这种发展；也可以发现哪些是经济欠活跃地区，深入分析其不足和需求，实施对应的政策和方法去解决困难，促进经济发展。因此，地理变化检测与分析技术对于我们了解生存环境，发现人类活动对环境的影响，掌握地理生态系统发展变化客观规律，科学制定政策，优化人类各种社会行为，实现社会和经济可持续发展具有重要意义。

地理变化检测与分析技术不仅可以针对地理国情监测应用，获取地理国情变化，做出分析，为其他部门开展地理国情监测业务提供信息，而且可以在自然资源调查监测中发挥巨大作用，是相关调查监测工作的核心技术。地理变化检测与分析集成了测绘技术、遥感技术、传感器技术、计算机技术和数据分析技术等新技术，在不断深化应用中，整合了相关技术，也对这些技术提出更多、更明确的需求，有利于推动相关技术发展，推动空间信息科学发展。

变化是一直存在的，地理国情监测也是动态和长期的过程，只有及时发现和确定各种自然和人文地理要素的动态变化，才能实现国情的准确掌握，提供及时和可靠的信息，为相关部门提供基础信息。地理变化检测与分析技术是地理国情监测的关键技术与核心内容，是实现从反映现状的静态调查提升到体现变化的动态监测的重要手段，决定了地理国情监测事业的成败，对地理国情监测事业具有重要意义。

1.2 地理变化检测与分析技术的地位和作用

地理变化检测与分析是地理国情监测的核心环节和关键技术，为地理国情监测工程的顺利展开提供了技术保障，在自然资源调查监测中也有重要作用与价值。

1.2.1 地理变化检测与分析技术和地理国情监测

1. 任务与目标

地理国情是指从地理的角度分析、研究和描述国情，即以地球表层自然、生物和人文现象的空间变化和它们之间的相互关系、特征等为基本内容，对构成国家物质基础的各种条件因素做出宏观性、整体性、综合性的调查、分析和描述，是空间化和可视化的国情信息。

地理国情监测是综合利用全球导航卫星系统（GNSS）、航空航天遥感技术、地理信息系统技术等现代测绘技术，综合各时期测绘成果档案，对地形、水系、湿地、冰川、沙漠、地表形态、地表覆盖、道路、城镇等要素进行动态和定量化、空间化的监测，并统计分析其变化量、变化频率、分布特征、地域差异、变化趋势等，形成反映各类资源、环境、生态、经济要素的空间分布及其发展变化规律的监测数据、地图图形和研究报告等，从地理空间的角度客观、综合地展示国情国力。

在地理国情监测中，地理变化检测与分析的主要任务是在地理国情动态监测信息系统的支持下，根据地理要素的变化周期，持续对地表覆盖变化、主体功能区规划实施等重要地理国情信息开展全国性监测，以及对城市发展变化、重点区域地表形变等典型地理国情信息进行监测，从而完成从宏观到精细、从静态到动态的定量的空间监测，并进一步生产客观科学、内容丰富、形式多样的地理国情监测成果。地理变化检测与分析的任务决定了研究对象和技术方法。

地表覆盖变化检测是地理国情监测开展的前提，是地理国情常态化监测的重要内容，是地形图快速更新和信息化测绘的必然要求，也是提高测绘保障能力的具体体现。地表覆盖是重要的地理国情信息，描述了土地表面物质类型及其自然属性。只有快速、高效、大规模地对地表覆盖进行变化检测，分析其变化特点、成因及影响结果，才能顺利开展后续监测工作，满足地理国情监测需要。地表覆盖变化检测是利用地表覆盖普查和多源、多时相高分辨率遥感数据，对全国地表覆盖变化信息进行定量化、空间性综合监测，以获取位置、范围、面积、类型等属性的变化信息。在此过程中，需要充分结合外业调查数据、相关历史数据和专业部门的成果资料，并采用地理要素变化检测、遥感解译、内外业一体化调查等技术方法来提高检测效率和精确性。

主体功能是各地区所具有的、代表该地区的核心功能。各个地区因为核心（主体）功能不同，相互分工协作，共同富裕、共同发展。主体功能不同，区域类型就会有差异。我国国土划分为重点开发区域、优化开发区域、限制开发区域和禁止开发区域四大主体功能区。在主体功能区规划实施监测检测中，应该针对不同功能区类型，有重点、有区别地确定变化检测的内容。

典型地理国情监测是对比最新地理信息与历史测绘成果，处理海量地理国情信息，以重要地理国情信息普查成果为基础，针对各类典型地理国情监测内容，利用多源、多时相航空航天遥感影像、外业调查数据以及相关专业部门的统计数据等，快速获得统计数据和报告，并及时发布监测成果，准确掌握典型地理国情信息的变化情况、分布特征、地域差异、变化趋势等，为相关政府部门决策提供依据，为企业和普通用户提供地理信息服务。典型地理国情监测主要内容包括了主体功能区规划实施、地表覆盖、城市发展、重点区域地表、水利基础设施、农业大宗产品优势产区等的地理国情信息，虽涉及不同领域、不同类别的变化监测，但其对信息提取、处理、分析和发布的技术流程是基本一致的。

地理变化检测与分析的主要目标是获取地表覆盖变化、主体功能区规划实施和典型地理国情的相关信息，主要方法是通过研究不同时期影像像元光谱响应的变化来获取遥感视场中地表特征随时间的变化。地理变化检测与分析是从不同时期的遥感数据中定量分析和确定地表变化的特征与过程，也是确定和评价地表现象随时间变化的过程。其检测的地理对象主要包括：大范围目标，如气候、森林、河流、云雨、洪水、海洋、土地、冰川等；中等目标，如居民地、建筑物、桥梁、机场、道路、坑塘等；微小目标，包括大坝变形、道路裂缝、地表形变等。其中，大范围目标需要大尺度的描述，多使用中低分辨率的遥感数据；中等目标多使用中等或者高分辨率遥感数据；微小目标需要在小尺度上研究，常使用高分辨率的遥感数据，甚至需要实地测量才能获得精确可靠的数据。

2. 地位与作用

地理国情监测不是静态的，而是一个长期的动态的过程。在这个过程中，地理变化检测和分析是重要的技术方法和建设内容。图 1-3 是地理国情监测的整体框架。

地理变化检测与分析技术不仅包含解译层和分析层的主要内容，还涉及处理层的部分内容，是地理国情监测的重要环节。它将地理国情监测获取的数据加工成信息，再将信息解译为知识。地理变化检测与分析技术实现了从数据采集到产品服务，使地理国情监测成为可用、可靠的技术。在使用地理变化检测与分析技术之前，只有静态的、孤立的地理国情数据，经过地理变化检测处理后，形成动态的、有逻辑关系的信息，再通过地理变化分析技术，成为能描述、理解、评价、预测客观规律和发展过程的知识。地理变化检测与分析技术的成败，决定了地理国情监测的成败。

1.2.2 地理变化检测与分析技术和自然资源调查监测

2018 年国家机构改革，国家测绘地理信息局的职责经过整合，归入了中华人民共和国自然资源部，地理国情监测也成为自然资源部自然资源调查监测司负责的一项专项调查监测评价工作。

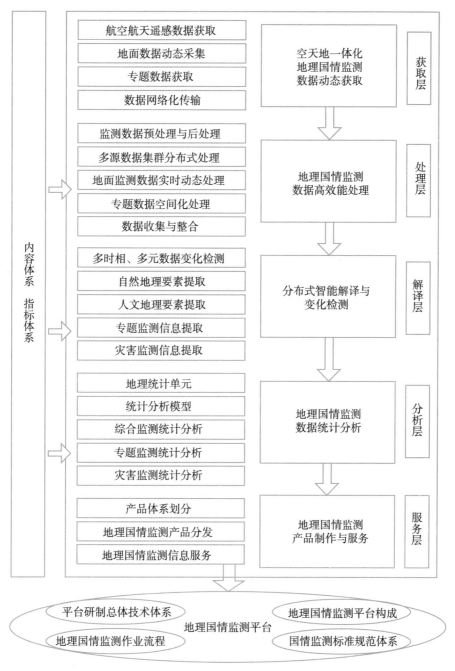

图 1-3 地理国情监测总体框架（李朋德等，2016）

2020 年 1 月，自然资源部发布了《自然资源调查监测体系构建总体方案》（以下简称《方案》），《方案》中说明了自然资源调查监测的目标包括"依法组织开展自然资源调查监测评价，查清我国各类自然资源家底和变化情况"，工作任务包含"监测自然资源动态变化情况"。

《方案》指出，自然资源监测是在基础调查和专项调查形成的自然资源本底数据基础上，掌握自然资源自身变化及人类活动引起的变化情况的一项工作，实现"早发现、早制止、严打击"的监管目标。根据监测的尺度范围和服务对象，分为常规监测、专题监测和应急监测。

《方案》将地理国情监测归于专题监测的工作内容中。专题监测是对地表覆盖和某一区域、某一类型自然资源的特征指标进行动态跟踪，掌握地表覆盖及自然资源数量、质量等变化情况。主要包含地理国情监测、重点区域监测、地下水监测、海洋资源监测和生态状况监测。地理国情监测的工作内容：以每年 6 月 30 日为时点，主要监测地表覆盖变化，直观反映水草丰茂期地表各类自然资源的变化情况，结果满足耕地种植状况监测、生态保护修复效果评价、督察执法监管，以及自然资源管理宏观分析等需要。

由此可见，国家已经将地理国情监测系统地整合进入自然资源调查监测体系，成为常态的国家层面的监测工作之一。随着自然资源分类标准的统一、自然资源调查监测体系的构建以及调查监测工作的深入开展，各项工作还存在进一步整合和衔接的可能。

对地理变化检测与分析技术而言，其作用已经不仅仅体现于地理国情监测工作。在方案提出的分析评价内容中，包含了"形成基本的自然资源现状和变化成果"，"研判自然资源变化情况"等，可以看到，地理变化检测与分析技术是自然资源调查监测的重要支撑技术，其技术方法和成果对于自然资源调查监测具有重要价值，在将来的工作中将会发挥越来越重要的作用。

1.2.3 地理变化检测与分析技术和相关课程

地理变化监测与分析课程处于地理国情监测课程体系的中间环节，承上启下。这不仅需要相关专业知识、数据处理知识作为基础，还需要了解行业需求和应用目标，从而明确需要提供什么产品、多高精度。

1. 与地理类基础课程的关系

地理学的相关课程主要有自然地理学、经济地理学、人文地理学以及环境保护与规划等。这些与地理相关的基础知识是进行地理变化检测的出发点，在对地形地貌以及相关的基本知识了解和掌握的基础上，才能很好地判断、识别和提取地理变化，发现变化规律。

2. 与测绘类课程的关系

测绘类课程有测绘学概论、普通测量学、地图学原理、摄影测量原理等，这些是地理变化检测数据处理和分析的基础技术，只有掌握了这些基础知识，才能对地理数据的主要特征、描述方式、处理方法和应用领域有清晰的概念，深入理解地理变化。

3. 与空间信息类课程的关系

空间信息类课程有遥感原理与应用、GIS 原理、时空数据库、空间数据误差处理、遥感图像解译以及遥感传感器技术等，这些是空间信息处理和应用的支撑技术，地理国情变化检测和分析的技术关键是对空间信息的采集、处理、分析，因而这些课程是地理国情变化检测与分析技术开展的前提。很多变化检测的基本概念、处理流程和方法，都是从空间信息处理技术中继承和发展而来的。地理国情监测实质上是空间信息技术发展到高级阶段的产物。

4. 与数学和计算机类课程的关系

数学和计算机类课程主要包括高等数学、概率论与数理统计、线性代数以及数据结构、数据库原理及应用、数字图像处理等。地理变化检测与分析是建立在对空间数据的理解与分析基础上的，需要做大量的图像处理、数值计算、统计分析等，数学和计算机类知识和方法是地理变化检测与分析技术的支撑技术。

1.3 地理变化检测与分析技术的发展趋势

地理国情监测中的地理变化检测与分析技术方法是在遥感变化检测技术的基础上继承发展而来的。早期遥感影像变化检测使用人工目视解译方法，依赖解译人员的生产经验，效率低下且质量不稳定，仅提供定性解释而不是定量分析。随着遥感技术、计算机技术、传感器的不断发展，快速、准确的地理变化检测与分析方法日益受到重视。

1.3.1 现状及难点

1. 理论基础

遥感变化检测的研究及应用已有一定历史，出现了很多理论、方法及技巧，但大多理论比较简单和零散，方法和技巧都是在实验中探索而来，不成体系，在具体应用中还需要探索和试验。

当前主要地理变化检测方法源自传统遥感应用技术，基本上是对已有方法的修补和拓展。在具体生产实践中，通常不是自上而下、有目的地设计和应用，而是自下而上基于检测结果来确定具体应用。经常出现的问题有：使用同一传感器数据和算法针对同一应用时，仅仅由于时相或区域不同，处理结果就会大相径庭；使用不同的算法处理同样的数据，结果也截然不同；有时仅仅是换了作业人员，结果的精度也变化很大。这些情况频繁出现，令很多用户不能接受。在生产实践中，经常采用试验的方法来选择检测方法。一般是先选取部分试验数据，使用多种不同变化检测方法进行处理，再对结果进行比较，确定最适宜的方法，以保证检测结果稳定可用。但即便如此，有些对局部区域检测效果较好的方法，对整体区域的检测效果可能不好。这些问题的根源是缺乏理论基础，不能基于系统而可靠的理论去设计方案、选择方法，只能依赖操作者的实际经验去不断尝试以得到合理的结果。

在当前地理国情监测工作中，急需对地理变化的理论和方法进行系统总结和深入研究，以获得较为普遍的规律，去指导变化检测的方法选择、方案设计和规范制定。此外，还需要对变化检测的各环节进行优化和明确，以得到稳定而可靠的变化检测成果。

2. 遥感数据源

早期遥感数据分辨率很低，例如 NOAA/AVHRR 等气象卫星获取的数据，用于大范围、区域性定性为主的变化检测。例如，对洪灾前后影像进行变化检测，得到淹没区域范围；计算标准化植被指数 NDVI 的变化，以分析大范围植被覆盖变化周期等。随着中等分辨率的 SPOT、Landsat 等卫星的发射，中等空间分辨率的遥感数据成为变化检测的主要数据源，有很多成功应用。例如，使用 SPOT 数据进行 1∶10000 土地利用图的更新检测；运用 TM/ETM+影像进行土地利用动态变化研究，评估环境变化；使用 TM 数据监测城市扩张等。目前高分辨率商业卫星的空间分辨率已达亚米级，我国的高分辨率对地观测系统重大专项工程（简称"高分专项工程"）能够获取米级和亚米级的遥感数据，这类数据成为变化检测的重要数据源。如使用 IKONOS 高分辨率遥感影像进行土地调查；使用 QuickBird 影像进行城区楼房变化检测；使用高分辨率的无人机数据检测地震破坏状况等。

随着传感器技术的发展，出现了多种不同类型的遥感数据，这些数据也被广泛用于变化检测。例如，使用 SAR 数据对高铁沿线地表形变进行检测，发现沉降并评估其原因和危害；使用红外影像数据监测飞机的出勤情况，对隐蔽军事设备的移动情况进行监测；使用高光谱数据检测农作物在不同生长期的状况以及病虫害；使用 LiDAR 数据检测城市建筑物的变化情况等。

目前已经开始综合使用不同类型的多源数据进行变化检测。例如，使用不同时相多源遥感数据结合气象数据、物候数据等进行自动变化监测；使用后期的 TM 遥感影像与前期的土地利用图叠置分析，进行土地利用变化检测；利用航空影像和卫星影像融合的方式进行大比例尺土地利用动态监测等。还有很多试验使用中低分辨率影像 TM 和高分辨率影像 QuickBird 或 IKONOS 组合，使用光学遥感影像和合成孔径雷达影像组合，使用全色影像和多光谱影像组合，以及使用矢量数据、数字高程模型 DEM、坡度数据、LiDAR 数据、房屋调查数据、交通信息数据等与遥感影像组合，都提高了变化检测的准确性。

目前的难点有：遥感影像获取时各参数的精确测定；辐射误差造成的多时相影像光谱值不一致的校准；时空分辨率、尺度、精度和时相等参数基准的统一；如何综合考虑数据源的性价比、可获得性、质量、时相等因素，自动或半自动地选择最佳数据源等。

3. 检测内容和目标

地理变化检测与分析的目标是准确识别地理目标在指定时间内发生的变化，并进行定性和定量描述与分析。在这一过程中要消除各种干扰造成的伪变化，以实现地表覆盖变化精准识别。

目前地理变化检测与分析已经应用于很多行业，能够检测多种内容和地理目标的变化情况。例如，对城市扩张的变化检测和分析，对地表森林面积变化的检测，对耕地面积变化的持续监测等。这些应用加深了人们对地理生态环境的理解，对于可持续发展作出巨大贡献。

尽管相关研究取得了巨大进展，但在真实世界中地理目标的变化情况复杂多样，地理变化监测与分析的检测内容和目标仍然不甚清晰。例如，有的变化包含多种类型的变化，如河道变迁,在位置变化的同时还有范围、形状、水量、水质、植被等的变化;有些整体变化中包含局部的相反变化,如城市扩张,整体城区在不断扩展,区域平均高度在增加,但局部破败区域中,建筑物变少,平均高度在降低。

主要的难点在于变化检测内容和目标要求模糊,没有精确边界。例如,对某区域植被进行变化检测,变化包含单个植株生长、局部地块植株生长、区域植被生长,这些变化的程度和趋势不尽相同,没有明确的要求,就很难得到一致的精确检测结果。即使给出要求,这些要求也往往很难做到边界严格界定。例如,对某个城区的植被变化进行检测,即使城区有严格的地理边界,而植被的精确分类标准(高度、面积、体积或者物种)以及这些标准的阈值,都难以精确确定。在严格定义标准时,为了使地理目标类别内部的区分度增加,提高细节的变化检测能力,则会降低地理目标类别之间的区分度,导致变化信息与未变化信息的可分性降低。

4. 变化检测方法

地理变化检测方法很多,且在不断发展中。简单的方法是像元灰度值直接相减,即将前后两期数据中对应的像元灰度值相减,若差值大于阈值,则表明发生了变化,否则认为没有发生变化,然后再判断下一个像素。这种方法原理简单,容易理解。由于像素形状规则且影像上像素排列为规则的二维行列形式,很适合计算机处理,容易实现。但是单个像素直接反映的影像信息有限,一般只能处理像素的灰度值。并且由于对单个像素处理,算法对噪声敏感,还存在数据量大、处理效率低等缺点。于是,以后出现了大量的改进算法。

一种改进方法是首先对原始数据进行处理,减少数据量,提高数据可比性,然后再比较。例如先分类,将数据分成有限的类别,再比较对应类别的差值,就能快速得到结果。这种方法要求很高的分类精度,而实际上分类精度总是有限的,造成效果不理想。

另一种改进是优化差值算法,根据统计模型设计不同的运算规则(指标),对其进行比较,生成不同时相间的差异影像,再使用阈值判断方法,对差异影像分割,从中提取变化区域。

还有的方法是对处理对象改进,不使用像素进行操作,而是使用面向对象的方法,从原始数据中提取具有丰富特征信息的对象(图斑),对这些对象进行比较,将像素级运算改进为特征级运算,减少了运算量,以提高检测效率和质量。

有的方法是进行特征空间变换,将几何空间信息变换到其他特征空间中,再进行变化检测,这样可以突出变化,提高运算速度和质量。这种方法还经常用于多源遥感数据融合的变化检测。常用的方法有典型相关分析法、主成分分析法、HIS 变化和缨帽变换等。

有的方法对阈值的设定进行改进,引进智能计算,使用自适应方法确定阈值,例如迭代算法及扩展模式、最大数学期望法、神经网络法等。这些方法在一定程度上解决了传统的变化阈值确定算法的困难,提高了针对性和自动化程度。

目前地理变化检测种类繁多,取得了很多应用成果,但是普遍存在计算量大、稳定性不够、普适性不强等问题,很难大范围推广。例如,有些算法仅适合检测土地监测、农作物生长、地貌改变等面状地物;有些算法仅适合检测道路损毁、桥梁坍塌等线状目标;有些算法使用的是固定模板和算子，无法适应不同尺度的变化检测。

变化检测算法的一些关键技术也存在难点，例如，阈值确定缺少成熟理论和方法，需要多次试验，并且阈值往往仅局部有效，一旦应用到整个区域，很难保证检测的正确性。目前多依赖经验确定变化阈值，降低了变化检测自动化程度。

总之，由于缺乏对数据的理解以及对目标特性的掌握，目前变化检测方法还不能满足地理国情监测和自然资源调查监测的需求。

5. 质量评价指标

地理变化检测成果是地理国情监测的重要产品，必须有严格一致的质量标准，以确保其在大范围地理国情监测应用中的权威性和一致性。然而，由于地理变化检测理论缺乏，方案不成熟，成果存在诸多不确定性，因此变化检测的评定精度和评价质量也没有一致和权威的标准。现有评价指标来自遥感数据处理、数字图像处理、模式识别等不同领域，体系较为混乱。目前常用方法源自遥感影像分类，一般基于混淆矩阵进行评价。

为了在实践中大规模推广和应用，还需要建立更细致和专业的指标体系和标准。例如在不同比例尺、分辨率情况下，变化检测成果质量该如何评定和表示？此外，不同评价指标表征了待检成果不同方面的质量，单一的评价指标难以全面反映成果质量，有必要综合利用多类评价指标，构建更全面的指标体系来评价变化检测成果质量。

6. 分析及应用

变化检测技术是实用性很强的技术，在很多应用领域发挥了重要作用，在包括土地利用/土地覆盖变化、城市规划与管理、农业调查、海洋和内陆水体监测以及自然灾害检测等领域都有重要应用。

地理变化检测与分析技术提供地理变化成果，以供专业人员深入分析和决策，直接面向应用。然而很多应用领域的专业人员不具备地理专业背景，对地理变化检测与分析提供的内容、产品、精度等不清楚，给出的需求比较模糊，甚至不能实现。而实施地理变化检测与分析的技术人员同样不具备应用领域的专业知识，有时不能准确理解和把握专业需求，导致沟通困难和描述障碍。常常出现应用方需要的内容未能检测或无法检测，而提交的产品则不是应用方所需要的，或者不符合应用方的标准等情况。

此外，由于地理变化检测与分析服务的应用行业众多，需求重点不同，生产出满足所有行业需求、各方标准的系列产品还需要更长时间的实践积累。这不仅是地理变化检测与分析面临的难点，也是整个空间信息领域产业化所面临的难点。

1.3.2　发展趋势

1. 数据源

遥感数据种类越多，对目标的信息就掌握得越多，判断的依据也就越多，准确判断变化的可能性就越大，从而能提高变化检测的精度。由于遥感技术的不断发展，空间信息及产品也不断积累，客观上也能提供越来越多的数据源，可以获取的地理信息也越来越多。

使用众源数据提高地理变化检测的效率和精度是变化检测的重要趋势。

2. 处理方法

在处理方法上，发展趋势还是多源化和智能化，尽可能使用更多种类数据，更全面地描述目标特征，提高目标变化的可区分性；引进深度学习、机器学习等智能算法，一方面能自适应设定阈值，提高自动化程度，另一方面提高算法的效率，加快计算速度。这些应用都需要有大量的样本数据进行训练，生产足够多的样本数据，以及基于既有样本生成所需样本的数据迁移等技术都是需要重视的研究方向。

3. 应用

应用方面的发展趋势是规模越来越大，深度越来越深。一方面由于国民经济建设的需要，地理变化检测与分析技术的便捷性，应用部门越来越重视地理变化监测，不断推出大规模应用计划。例如，我国于 2007 年开展的第二次全国土地调查。调查的主要任务包括农村土地调查、城镇土地调查、基本农田调查并建立土地利用数据库和地籍信息系统，实现调查信息的互联共享。最后在调查的基础上，建立土地资源变化信息的统计、监测与快速更新机制。其人力、财力和时间的投入都堪称巨大。自 2018 年起开展的第三次全国土地调查，在第二次全国土地调查成果基础上，使用更高分辨率的数据，全面细化和完善全国土地利用基础数据，以满足生态文明建设、空间规划编制、供给侧结构性改革、宏观调控、自然资源管理体制改革和统一确权登记、国土空间用途管制等各项工作的需要。地理国情监测计划是一项长期开展的战略任务，其中也包含了大量的变化检测内容，需要大量和长期的投入。另一方面，随着行业的介入，以前简单定性的变化检测成果和分析产品已经远远不能满足专业需求，需要提供精细的、针对性强的服务。例如，森林资源变化检测，就需要计算和提供一些林业专用的指标及其变化情况，同样地，对湿地、水利以及海洋等的变化检测与分析也需要有专门的经验和技巧。

总的来说，地理变化检测与分析技术正处于全面发展阶段，但也有诸多不足，需要不断摸索，在地理国情监测的实践中不断调整，不断进步，得到更好的结果。

◎ 思考题

1. 简述地理变化检测与分析的意义。
2. 什么是地理变化检测？它与地形变化检测有什么关系？
3. 简述遥感变化检测与地理变化检测之间的关系，说明其优点。
4. 简述地理变化检测与分析的发展趋势。

◎ 本章参考文献

[1] 毕双凤，崔京男，孙宇航．地理国情监测体系架构技术研究 [J]．科技资讯，2013
（25）：44-45.

[2] 陈爱京．吐鲁番市重点地区土地利用/土地覆被遥感调查研究［D］．乌鲁木齐：新疆农业大学，2006.

[3] 陈俊勇．简论地理国情监测［J］．地理信息世界，2013，20（3）：4-6.

[4] 樊杰．主体功能区战略与优化国土空间开发格局［J］．中国科学院院刊，2013，28（2）：193-206.

[5] 房自立．基于结构信息的多时相遥感图像变化检测方法研究［D］．长沙：国防科学技术大学，2006.

[6] 宫金杞．面向地理国情监测的地表覆盖变化检测方法研究及系统实现［D］．泰安：山东农业大学，2015.

[7] 韩昆霖．第三次全国土地调查与第二次全国土地调查对比分析［J］．活力，2018（14）：151.

[8] 黄雪青．基于高分辨率遥感影像的信息提取［D］．重庆：重庆大学，2008.

[9] 贾宝全，邱尔发，张红旗．基于归一化植被指数的西安市域植被变化［J］．林业科学，2012，48（10）：6-12.

[10] 解蕾．县级农村土地调查数据库建设技术方法研究［D］．北京：中国地质大学（北京），2010.

[11] 李建松．地理国情监测专业建设的实践与思考［J］．地理空间信息，2014，12（3）：5-8.

[12] 李娟．区域环境规划及实例分析［J］．北方环境，2012，24（2）：103-104.

[13] 李朋德，雷兵，高小明，等．中国地理国情监测技术体系建设和应用探索［M］//测绘地理信息供给侧结构性改革研究报告（2016）．北京：社会科学文献出版社，2016.

[14] 李维森．地理国情监测与测绘地理信息事业的转型升级［J］．地理信息世界，2013，20（5）：11-14.

[15] 孟繁烁．基于遥感影像的变化检测方法综述［J］．科技创新与应用，2012（24）：57-58.

[16] 史文中，张鹏林．光学遥感影像变化检测研究的回顾与展望［J］．武汉大学学报（信息科学版），2018，43（12）：1832-1837.

[17] 眭海刚，冯文卿，李文卓，等．多时相遥感影像变化检测方法综述［J］．武汉大学学报（信息科学版），2018，43（12）：1885-1898.

[18] 谢艾伶，阳春花，袁成．典型地理国情监测信息分析发布技术框架研究［J］．地理空间信息，2017，15（7）：23-25，9.

[19] 袁愈才，周晓光，杨小晴，等．基于ERDAS平台的NDVI植被覆盖变化检测［J］．测绘信息与工程，2011，36（5）：11-13.

[20] 张涛，温素馨．基于遥感的城市地表覆盖变化检测综述［J］．现代测绘，2017，40（3）：25-28，34.

[21] 张晏．《第三次全国土地调查总体方案》发布［J］．资源导刊，2018（1）：6.

第 2 章 地理变化的原因

2.1 地理变化的自然原因

2.1.1 气候变化

全球气候是一个不断变化的生态系统，受自然和人类活动等许多因素综合影响。气候系统决定降水的总量、频率、分布等。气候变化是指气候的平均状态或者气候因子在统计学意义上的显著变化，并且持续一定的时间（十几年或者更长）。联合国政府间气候变化专门委员会（Intergovernmental Panel on Climate Change，IPCC）将基于自然变化或人类活动所引起的气候变动定义为气候变化。

IPCC 在发布的《气候变化 2007：综合报告》中指出：（1）1750 年以来，受人类活动的影响，全球大气中的 CO_2、CH_4 和 N_2O 浓度显著增加，其中，CO_2 是重要的温室气体，其浓度已从工业化前约 $280mL/m^3$ 增加到 2005 年的 $379mL/m^3$；在 1970—2004 年，CO_2 的排放增加了约 80%，全球 CO_2 浓度的增加主要由于化石燃料的大量使用。（2）最近 100 年（1906—2005 年）全球平均地表温度上升了 $0.56 \sim 0.92℃$。（3）1961 年以来的观测结果表明，20 世纪全球海平面上升约 0.17m。2007 年 12 月 13 日，世界气象组织（WMO）宣布，根据截至 2007 年 11 月底的数据，1998—2007 年是有记载以来最暖的 10 年；自 20 世纪初以来，全球平均地表温度已上升了 0.74℃，过去 50 年气温上升平均速率约为过去 100 年的 2 倍。对陆地降水的相关研究表明：20 世纪全球陆地降水约增加了 2%，北半球的中高纬度地区降水增加明显，30°—85°N 地区平均增幅为 7% ~ 12%，且秋、冬季节增加显著。

IPCC 在《气候变化 2007：影响、适应性、脆弱性》中指出：①21 世纪中叶，高纬度地区和湿热地区年径流量将增加 10% ~ 40%，中纬度地区的干旱区年径流量将减少 10% ~ 30%，这些干热区将面临严重用水压力；②干旱影响区的范围将进一步扩大；③冰川和雪盖储水量减少。

影响土地利用与土地覆盖变化的主要气候要素是光照、热量和降水。气候变化对土地利用与土地覆盖的影响主要包括：①通过气温和降水的波动造成的直接影响；②通过干旱、洪水产生的间接影响。

以黄土高原地区为例，黄土高原地区水土流失严重，水土流失一方面源于自然因素，黄土高原地处干旱半干旱过渡地带，土壤结构疏松，暴雨集中，对土壤的冲刷强度大等；另一方面，人为不合理利用土地，如毁林毁草、陡坡耕作等，造成水土流失加剧。李京京

（2017）选取黄土高原及其 9 个典型流域作为研究对象，计算黄土高原及 9 个流域 1982—2015 年平均归一化植被指数（NDVI）数据，分析了黄土高原植被覆盖的分布情况。黄土高原年均降雨与温度从东南向西北递减，年均降雨与温度的空间分布与多年平均 NDVI 值分布具有较强一致性，说明降雨和温度在很大程度上决定该区的植被覆盖度。图 2-1 为黄土高原多年平均 NDVI、高程、坡度分布图。图 2-2 为黄土高原多年平均降雨和温度分布图。

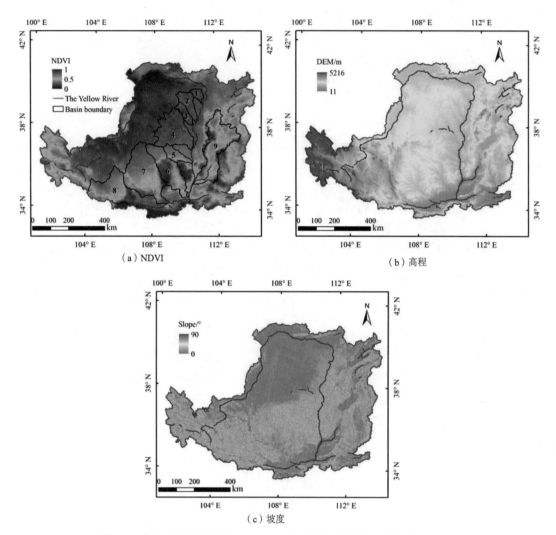

图 2-1　黄土高原多年平均 NDVI、高程、坡度分布图（李京京，2017）

2.1.2　自然灾害

1. 地震

地震带来的灾害包括地震直接灾害和地震次生灾害。地震直接灾害是指由地震的原生

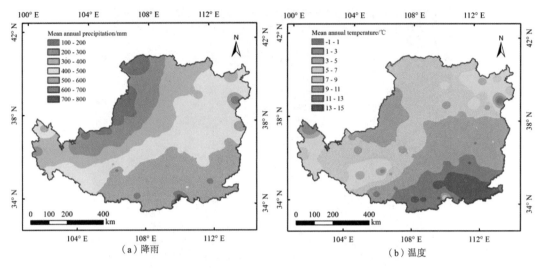

图 2-2　黄土高原多年平均降雨、温度分布图（李京京，2017）

现象，比如地震断层错动，大范围地面倾斜、升降和变形，以及地震波引起的地面震动等造成的直接后果。地震直接灾害包括：建筑物和构筑物的破坏或倒塌；地面破坏，比如地裂缝、地基沉陷等。地震灾害打破了自然界原有的平衡状态或者社会正常秩序从而导致的灾害，称为地震次生灾害，比如地震引起的火灾、水灾等。

2010 年 4 月 14 日，青海省玉树藏族自治州结古镇附近发生了 7.1 级地震。王丽涛等（2010）收集了青海省玉树藏族自治州的相关基础资料，其中有 SPOT 2.5m 震前正射影像、北京一号小卫星影像数据等震前遥感影像，并利用中国科学院对地观测与数字地球科学中心获取的 0.4m 分辨率的灾后遥感图像，开展了玉树地震灾情遥感应急监测工作。图 2-3 为北京一号小卫星玉树地震地质构造背景分析图。图 2-4 为在结古镇周边（西北14km）零散分布的房屋。图 2-5 为玉树结古镇房屋倒塌分布示意图。

2013 年 4 月 20 日，四川省雅安市芦山县发生了 7.0 级强烈地震，该次地震给人民生命财产造成了严重损失。相关研究人员应急获取了灾区多种高分辨率航空和无人机遥感影像，并快速解译提取了灾区建筑物震害信息（王晓青等，2015）。图 2-6 为四川芦山 7.0 级地震灾区地势景观图。图 2-7 为芦山地震典型居民点震后局部航空遥感影像图。图 2-8 为芦山县龙门乡震害遥感详细评估。

破坏性大地震发生后，利用遥感技术能快速获取地震灾区地表破裂、道路交通损坏、房屋建筑震害、地震地质次生灾害等重要灾情信息，准确、及时地为地震应急救援与震害评估提供重要决策信息。遥感技术在我国汶川地震、玉树地震以及海地地震中成功应用，已成为震害调查与评估的重要手段。地震遥感快速评估流程如图 2-9 所示。

对遥感震害信息提取结果进行分析，统计出各地震评估区的建筑物倒塌情况，道路、桥梁等重点目标的破坏情况等，分析各地震评估区的灾害强度，并结合当地经济、人口等数据，构建震害损失评估模型，估算地震损失。震害评估结果有报告、震害专

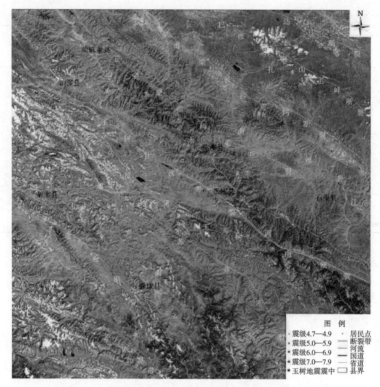

图 2-3　北京一号小卫星玉树地震地质构造背景分析图（王丽涛等，2010）

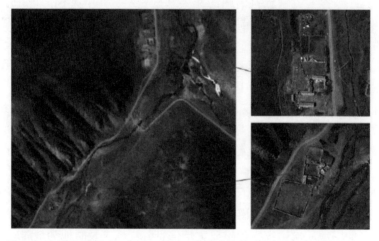

图 2-4　在结古镇周边（西北 14km）零散分布的房屋（王丽涛等，2010）

题图等形式。

在传统地面震害调查中，常采用震害指数来描述震害程度。某一调查点的建筑物震害程度用震害指数表示，其定义为

（a）结古镇南部受灾严重地区　　（b）沿国道省道的服务业楼房　　（c）冲积扇上的倒塌房屋
　　　　　　　　　　　　　　　　　　　以及框架结构建筑

图 2-5　玉树结古镇房屋倒塌分布示意图（王丽涛等，2010）

$$\overline{d_i} = \frac{\sum_j d_{ij} n_{ij}}{\sum_j n_{ij}} \qquad (2\text{-}1)$$

式中，$\overline{d_i}$ 为第 i 类建筑物震害指数；n_{ij} 为 i 类建筑物破坏等级为 j 的房屋幢数或者建筑面积；d_{ij} 表示某一区域（通常以街区或者自然村作为统计单元）i 类建筑物破坏等级为 j 的震害指数（j 取 1，2，3，4，5）。震害指数为 1 表示全部毁坏，为 0 表示完好无损，中间可以划分若干等级。

　　为了定量化调查点的震害程度，常用综合震害指数来描述调查点的震害程度，综合震害指数的定义如下：

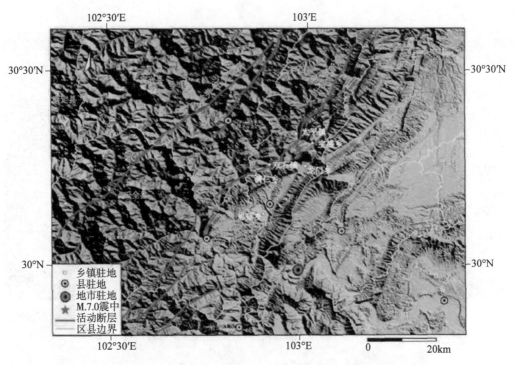

图 2-6　四川芦山 7.0 级地震灾区地势景观图（王晓青等，2015）

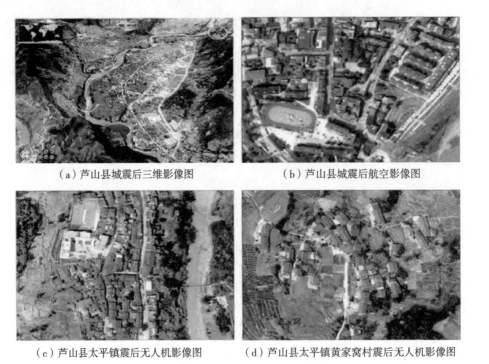

（a）芦山县城震后三维影像图　　　　　（b）芦山县城震后航空影像图

（c）芦山县太平镇震后无人机影像图　　（d）芦山县太平镇黄家窝村震后无人机影像图

图 2-7　芦山地震典型居民点震后局部航空遥感影像图（王晓青等，2015）

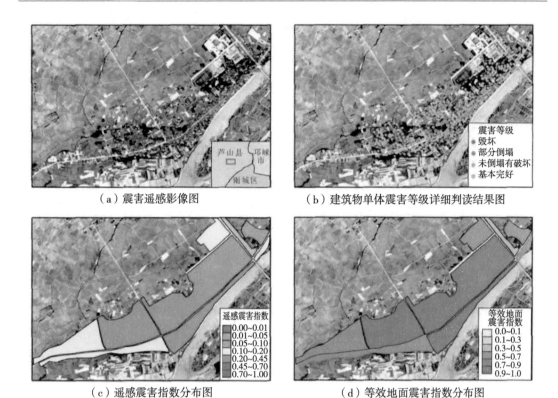

（a）震害遥感影像图　　　　　　　（b）建筑物单体震害等级详细判读结果图

（c）遥感震害指数分布图　　　　　　（d）等效地面震害指数分布图

图 2-8　芦山县龙门乡震害遥感详细评估（王晓青等，2015）

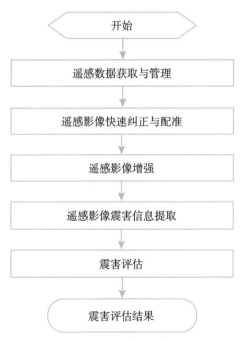

图 2-9　地震遥感快速评估流程图

$$D_I^G = \frac{\sum_j \bar{d}_{bi} N_i}{\sum_j N_i} \tag{2-2}$$

式中，$\bar{d}_{bi}$ 是将 i 类建筑物震害指数 d_i 折合为等效砌体结构的平均震害指数；N_i 是第 i 类房屋的幢数或者建筑面积。

受到遥感图像空间分辨率等因素的影响，单体建筑物能识别的震害程度，常分为三个破坏等级：倒塌、局部倒塌、未倒塌。遥感综合震害指数的定义如下：

$$D_I^{RS} = \frac{\sum_j \bar{d}_{bi}^{RS} N_i^{RS}}{\sum_j N_i} \tag{2-3}$$

式中，$\bar{d}_{bi}^{RS}$ 是折合为等效砌体结构的第 i 类建筑物的遥感震害指数；N_i^{RS} 是第 i 类房屋的遥感判读幢数。与地面震害指数对应，遥感震害指数取值范围也为 $0 \sim 1$。

2. 洪涝

洪涝灾害是世界上危害最严重的自然灾害之一。洪水按其成因和地理位置不同，可分为暴雨洪水、海岸洪水、融雪洪水、冰凌洪水等。我国大部分地区在大陆性季风气候影响下，降雨时间集中、强度大，暴雨洪水是洪涝灾害的主要类型。洪涝灾害对国民经济与人民生命财产安全带来巨大威胁，1994 年华南地区特大洪涝灾害造成的经济损失高达上千亿元，1998 年发生在长江流域以及松花江、嫩江流域的特大洪涝灾害造成的经济损失超过了 2600 亿元（莫伟华，2006）。遥感技术具有速度快、视野广等特点，已成为洪水监测与灾情评估的主要手段之一。

2013 年汛期，黑龙江发生自 1984 年以来的最大洪水，干流萝北至同江河段多处堤防出现险情。王伶俐等（2014）应用高分一号卫星光学影像和遥感 1 号、6 号雷达卫星影像，以及环境减灾 1A/1B 星多光谱卫星影像等数据，实现了对汛情的动态监测，为黑龙江洪水预报、应急指挥调度、抢险救灾等提供了及时的技术支撑。图 2-10 所示为 2013 年高分一号标准假彩色合成同江八岔堤防溃口序列图。

湖泊是重要的天然水利资源，具有供水、灌溉等多种重要功能，湖泊水体的分布特征与变化规律影响洪涝灾害的加剧和减缓。对湖泊水体长时间、高频次监测，对洪涝灾害风险研究与防灾减灾具有重要意义。洞庭湖是我国第二大淡水湖，承担着调蓄长江与湖南四水的重要任务，是长江流域重要的调蓄滞洪区。洞庭湖是历史上多次大型洪涝灾害的主要受灾区。许超等（2016）以洞庭湖区为研究区，基于 Terra-MODIS 数据，利用遥感技术提取了 2000—2015 年洞庭湖区洪水淹没范围的时间序列数据，并分析了区域水体淹没频率与变化特征。图 2-11 为 2010 年各月湖面水体面积变化图。图 2-12 为 2000—2015 年水体淹没频率分布图。

3. 泥石流

泥石流是指在山区等地区由于暴雨、地震等引发的由大量泥沙、石块等松散固体物质

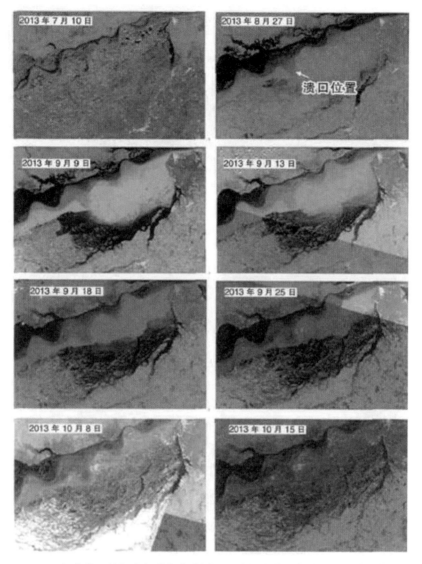

图 2-10　2013 年高分一号标准假彩色合成同江八岔堤防溃口序列图（王伶俐等，2014）

和水体混合构成的一种特殊洪流。泥石流灾害往往发生在山区沟谷内以及沟谷两侧山坡上，发生时大量泥沙、石块随着水流被带出，对自然环境造成巨大破坏。

　　遥感技术已成为泥石流监测、预警的有力手段。常鸣等（2014）以汶川地震重灾区的都江堰龙池镇龙溪河流域为研究区，对比了研究区泥石流流域在"5·12"汶川地震前的 TM 影像、地震后的 SPOT-5 影像，以及"8·13"暴雨后的 WorldView-2 影像上的物源变化，并进行了定量解译。通过对龙溪河流域 12 条主要泥石流沟及其流域内滑坡特征的野外调查，建立崩滑体解译标志，并开展室内目视解译，提取泥石流流域的滑坡及其典型物源信息。图 2-13 所示为 2007 年 9 月 18 日的分辨率为 15m 的 TM 影像及研究区震前滑坡

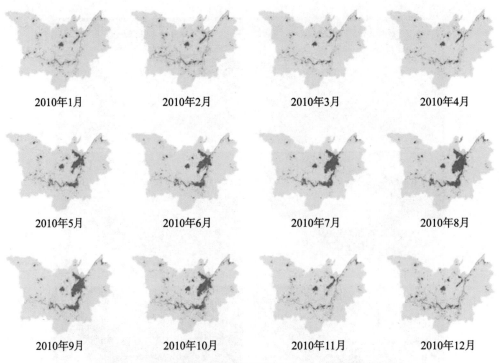

图 2-11　2010 年各月湖面水体面积变化图（许超等，2016）

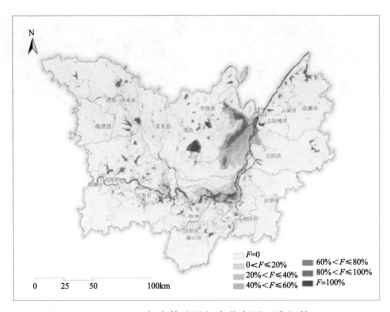

图 2-12　2000—2015 年水体淹没频率分布图（许超等，2016）

遥感解译结果。图 2-14 所示为 2009 年 2 月 10 日的分辨率为 2.5m 的 SPOT-5 影像及研究区震后滑坡遥感解译结果。图 2-15 所示为 2011 年 7 月 14 日的分辨率为 0.5m 的 WorldView-2 影像及暴雨后滑坡遥感解译结果。

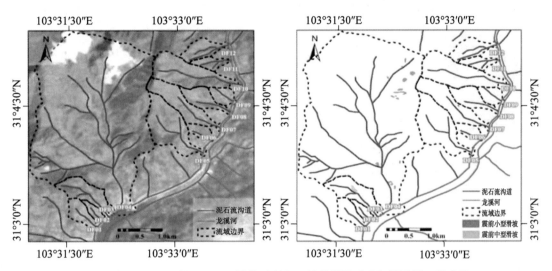

图 2-13 2007 年 9 月 18 日的 15m TM 影像及研究区震前滑坡遥感解译结果（常鸣等，2014）

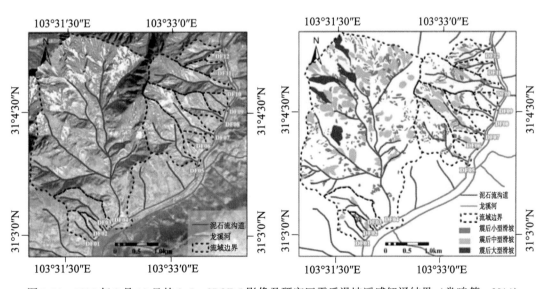

图 2-14 2009 年 2 月 10 日的 2.5m SPOT-5 影像及研究区震后滑坡遥感解译结果（常鸣等，2014）

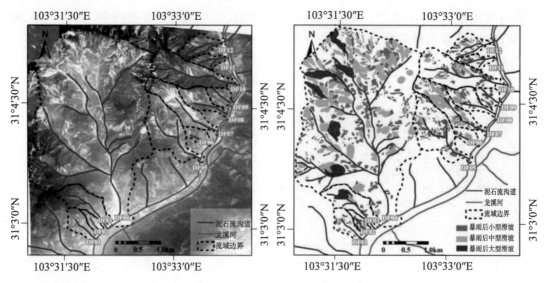

图 2-15　2011 年 7 月 14 日的 0.5m WorldView-2 影像及暴雨后滑坡遥感解译结果（常鸣等，2014）

2.2　地理变化的人文原因

2.2.1　政策

相关政策和法规对土地利用起着重要作用，1984 年 9 月，我国颁布了《中华人民共和国森林法》，明文规定禁止毁林开垦，并鼓励各级人民政府制定植树造林规划、控制森林砍伐等条文；1998 年 8 月至 2000 年 1 月，国家明确要求"禁止毁林开荒、毁林采种"和"有计划、有步骤地退耕还林、还牧、还湖"，各级政府对草场的保护采取了一定措施，对沙地治理进行了一定投资，对农牧交错带等生态环境脆弱区加大了生态保护措施力度。

以济南市南部山区为例，为了限制土地不合理开发与利用，政府先后出台了一系列政策来规范土地利用。2001 年，济南市人民政府批准建设济南市南部山区重要生态功能保护区。2002 年，山东省把济南市南部山区列入省级生态功能保护区。济南市规划局按照市委市政府的统一部署，依据《济南市城市总体规划（2006—2020 年）》，于 2006 年启动编制了《济南市南部山区保护与发展规划》，遵循"在保护中发展，在发展中保护"的原则，对南部山区的空间布局、生态环境、资源保护等内容进行了全面规划。这些政策引导着经济发展重心的走向，影响房地产、交通等的发展方向，以及土地利用转化方向与转化率。

2.2.2　经济

经济发展是土地利用变化的主要驱动力之一。经济的快速发展，大量农业用地被占用，转化为建设用地，经济发展也带动了一系列产业快速发展，如工业、交通业等，也需占用大量土地。

以上海市为例，经济因素是上海市土地利用变化的直接驱动力。据相关资料统计，上海市的耕地面积从 1987 年的 $4.358 \times 10^5 hm^2$ 下降到 2007 年的 $2.684 \times 10^5 hm^2$。从产业结构来看，第一产业、第二产业比重明显降低，第三产业比重增长显著，这表现在：非农业人口占总从业人口的比例从 1987 年的 65.8% 上升到 2007 年的 86.8%，第二产业产值比例从 1987 年的 66.8% 下降到 2007 年的 46.6%，随着城市化进程，第二产业更多向城市外围转移。产业内部结构也存在转变，以第一产业为例，农业生产结构调整使得一部分耕地转变为果园、鱼塘等，耕地面积大量减少。从消费来看，城镇和农村居民消费水平在 21 年间都得到大幅提高，上海城市居民人均消费水平从 1987 年的 2755 元增长到 2007 年的 25919 元，农村居民消费水平从 1987 年的 1726 元增长到 2007 年的 11235 元，消费水平的提高增加了上海投资的吸引力，促进了房地产等第三产业的发展，也加剧了耕地向其他土地利用类型的转变。

再以重庆市为例，随着社会经济发展，重庆市大量农用地转变为建设用地。据相关资料统计，1997 年重庆市 GDP 为 1509.75 亿元，建设用地建成区面积为 $3.8984 \times 10^6 km^2$；到 2009 年，GDP 增长到 6530.01 亿元，建设用地建成区面积增长到 $1.02684 \times 10^7 km^2$，而且 GDP 增长速度加快的同时，建设用地扩张速度也在加快，两者呈现正相关性（图 2-16）。与此同时，随着 GDP 的增长，耕地面积在不断减少，耕地面积由 $2.5413 \times 10^6 km^2$ 减少到 $2.2376 \times 10^6 km^2$，减少了 $3.037 \times 10^5 km^2$，减幅为 11.95%，与 GDP 增长呈现负相关性（图 2-17），说明耕地的产出效益越来越高，离不开科技的发展和进步。

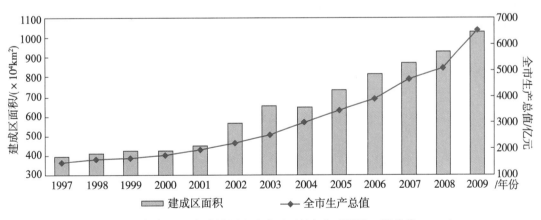

图 2-16 重庆市 GDP 与建设用地建成区面积变化对照图（张营营，2012）

随着经济发展与产业结构升级，第二、三产业产值占全市生产总值的比重将会越来越大，产业重心由最初的第一产业转为第二产业，进而转向第三产业，农业产值的比重将会越来越小。据相关资料统计，从 1997 年到 2009 年，重庆市第一产业产值比例迅速下降，由 1997 年的 20.3% 降至 2009 年的 9.3%，降低了 11%；同时，耕地面积也逐渐减

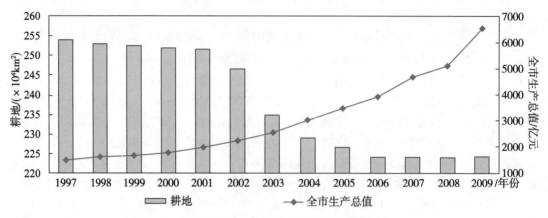

图 2-17　GDP 与耕地面积变化对照图（张营营，2012）

少，由 1997 年的 $2.5413 \times 10^6 \mathrm{km}^2$ 减少为 2009 年的 $2.2376 \times 10^6 \mathrm{km}^2$，减少了 $3.037 \times 10^5 \mathrm{km}^2$（图 2-18）。重庆市产业结构演变升级过程中伴随耕地数量的减少，并且第一产业产值比例变化与耕地面积变化呈现正相关。

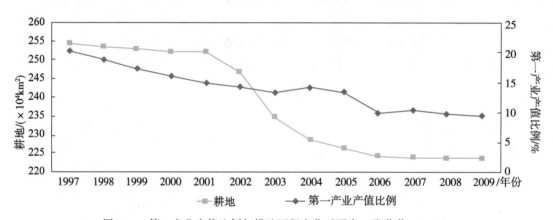

图 2-18　第一产业产值比例与耕地面积变化对照表（张营营，2012）

　　第二、三产业主要依附于建设用地发展，随着产业结构优化升级，不断发展的第二、三产业对建设用地提出了新要求。1997—2009 年，重庆市第二、三产业产值比例不断上升，第二产业产值比例从 1997 年的 43.1% 上升为 2009 年的 52.8%，第三产业产值比例从 1997 年的 36.6% 上升为 2009 年的 37.9%，同时，主要承载第二、三产业发生与发展的建设用地，其面积已由 1997 年的 $4.925 \times 10^5 \mathrm{km}^2$，增长为 2009 年的 $6.061 \times 10^5 \mathrm{km}^2$，共增长了 $1.136 \times 10^5 \mathrm{km}^2$，增幅为 23.07%，且呈现持续增长势头（图 2-19）。由此可见，第二、三产业比重增长与建设用地面积增长呈现正相关性。

　　以黄土高原地区为例，随着经济发展，黄土高原地区经济产业结构发生改变，其中，第一产业比重呈下降趋势，第二产业比重呈上升趋势，第三产业比重发展趋势较为波动，

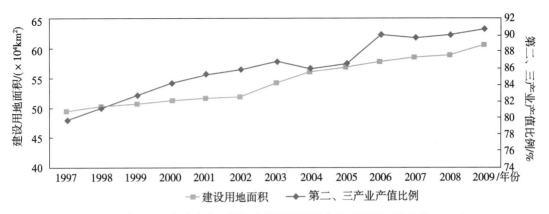

图 2-19 第二、三产业产值比例与建设用地面积变化对照图（张营营，2012）

但整体呈上升趋势。不同流域经济产业结构差异明显，对土地利用景观格局影响程度不同。汾河流域第二产业比重较大，较注重工业发展，该流域的斑块平均面积较小，斑块数量较多，景观破碎化严重；秃尾河、窟野河流域第三产业比重相对较高，对土地利用格局改变相对较少，景观破碎度较低。1980—2010 年不同流域经济产业结构变化如图 2-20 所示。

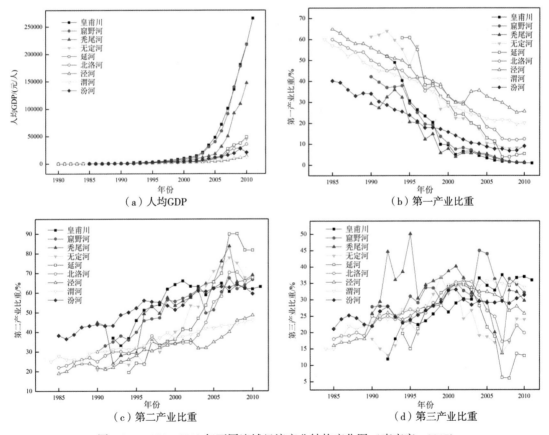

图 2-20 1980—2010 年不同流域经济产业结构变化图（李京京，2017）

2.2.3　人口

人口是人文因素中影响地理变化的主要因素之一，人口因素对于土地利用变化的影响主要有以下两个方面：一方面，人口增长会增加对土地资源的压力；另一方面，人们治理和开发利用土地，会提高土地生产力，从而降低人口对土地资源的压力。人口增长会导致居民点及交通设施用地扩张，使其他土地利用类型发生变化。

以河北省为例，据相关资料统计，自 20 世纪 80 年代以来，人口数量不断增长，城镇和农村人口比例也发生了明显变化。1980 年全省人口 5168 万，2000 年全省总人口达到 6674 万。随着人口增长与技术进步，对土地利用的范围与强度越来越大，改变了地表形态与土地用途，使耕地面积不断减少。在 1985—1998 年，河北省耕地总面积减少了 $1.188 \times 10^5 km^2$，人均耕地由 $0.119 km^2$ 减到 $0.099 km^2$。

以上海市为例，由于大量人口迁入与外来流动人口增长迅速，上海市人口总量不断扩大。据相关资料统计，上海市人口密度从 1987 年的 1971 人/km^2，增长到 2007 年的 2084 人/km^2。人口数量的增长，导致人口对住房、交通、公共服务设施等需求增加，城市建设用地扩张，耕地数量减少。

以重庆市为例，据相关资料统计，1997—2009 年，重庆市人口总数由 3042.92 万人增长到 3275.61 万人；耕地面积从 $2.5413 \times 10^6 km^2$ 减少到 $2.2376 \times 10^6 km^2$，人口数量变化与耕地面积变化呈负相关性。居民点及工矿用地面积由 1997 年的 $4.338 \times 10^5 km^2$，增长到 2009 年的 $4.966 \times 10^5 km^2$，随着人口数量增长，居民点及工矿用地面积相应增长，人口数量变化与居民点及工矿用地面积变化两者间呈现正相关性；建设用地面积已由 1997 年的 $4.925 \times 10^5 km^2$ 增长到 2009 年的 $6.061 \times 10^5 km^2$，随着人口数量增长，建设用地面积也相应增长，人口数量变化与建设用地面积变化两者间呈正相关性。重庆市人口总数与耕地面积变化对照图（图 2-21），重庆市人口总数与居民点及工矿用地变化对照图（图 2-22），重庆市人口总数与建设用地面积变化对照图（图 2-23），分别如下。

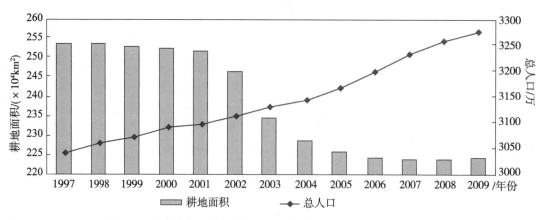

图 2-21　重庆市人口总数与耕地面积变化对照图（张营营，2012）

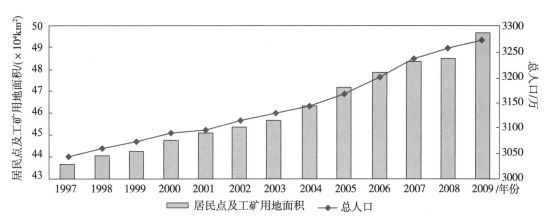

图 2-22　重庆市人口总数与居民点及工矿用地面积变化对照图（张营营，2012）

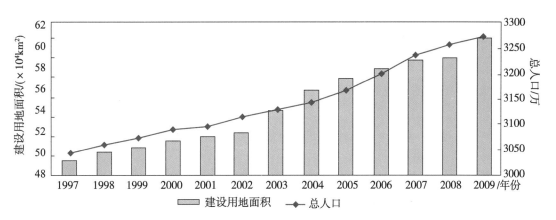

图 2-23　重庆市人口总数与建设用地面积变化对照图（张营营，2012）

◎ 思考题

1. 地理变化的自然原因有哪些？

2. 简述地震灾害遥感快速评估的主要步骤。

3. 什么是遥感综合震害指数？

4. 地理变化的人文原因有哪些？

5. 经济因素对土地利用变化有什么影响？

◎ 本章参考文献

[1] 常鸣，唐川，蒋志林，等．强震区都江堰市龙池镇泥石流物源的遥感动态演变 [J]．山地学报，2014，32（1）：89-97.

[2] 陈敏.上海市土地利用/覆被变化及人文驱动机制研究 [D].上海:上海师范大学,2009.

[3] 窦爱霞,王晓青,丁香,等.遥感震害快速定量评估方法及其在玉树地震中的应用 [J].灾害学,2012,27(3):75-80.

[4] 李加林,曹罗丹,浦瑞良.洪涝灾害遥感监测评估研究综述 [J].水利学报,2014,45(3):253-260.

[5] 李京京.黄土高原地区土地利用/覆被变化及其驱动力分析研究 [D].咸阳:西北农林科技大学,2017.

[6] 李香颜,陈怀亮,李有.洪水灾害卫星遥感监测与评估研究综述 [J].中国农业气象,2009,30(1):102-108.

[7] 莫伟华.基于EOS/MODIS卫星数据的洪涝灾害遥感监测应用技术研究 [D].南京:南京信息工程大学,2006.

[8] 任娟.基于无人机遥感与GIS技术的泥石流灾害监测 [D].成都:成都理工大学,2015.

[9] 赛莉莉.威海城市土地利用变化及驱动力分析 [D].烟台:鲁东大学,2016.

[10] 苏瑞红.河北省土地利用/覆被变化及其驱动因子研究 [D].石家庄:河北师范大学,2008.

[11] 陶文芳.西安-咸阳地区土地覆被时空变化及驱动因子研究 [D].咸阳:西北农林科技大学,2010.

[12] 王丽涛,王世新,周艺,等.青海玉树地震灾情遥感应急监测分析 [J].遥感学报,2010,14(5):1053-1066.

[13] 王伶俐,陈德清.2013年黑龙江大洪水遥感监测分析 [J].水文,2014,34(5):31-35.

[14] 王晓青,窦爱霞,王龙,等.2013年四川芦山7.0级地震烈度遥感评估 [J].地球物理学报,2015,58(1):163-171.

[15] 许超,蒋卫国,万立冬,等.基于MODIS时间序列数据的洞庭湖区洪水淹没频率研究 [J].灾害学,2016,31(1):96-101.

[16] 杨启国.气候变化对区域社会经济可持续发展的影响及适应性对策研究——以甘肃省为例 [D].兰州:兰州大学,2008.

[17] 张杰.济南市南部山区土地利用空间格局变化和驱动机制研究 [D].济南:山东师范大学,2010.

[18] 张灵.桑干河上游流域径流泥沙对气候要素与土地利用变化的响应研究 [D].北京:中国地质大学(北京),2017.

[19] 张艳丽.甘肃省县域土地利用结构变化——驱动因子及对策研究 [D].兰州:兰州大学,2010.

［20］张营营. 基于城乡统筹的重庆市土地利用变化驱动因素及对策研究［D］. 重庆：重庆师范大学，2012.

［21］赵福军，蔡山，陈曦. 遥感震害快速评估技术在汶川地震中的应用［J］. 自然灾害学报，2010，19（1）：1-7.

［22］中国地震局. 地震知识百问百答［EB/OL］.［2021-09-13］. https：//www. cea. gov. cn/publish/.

第3章　地理变化检测与分析基础

3.1　基本原理

3.1.1　地理目标变化

地理变化检测与分析的关键是识别地理目标变化前后的差异性，通过观察同一地理目标在不同时间的表象，识别其变化是否发生及发生的具体程度。差异有多种表现形式，例如长度、面积、体积、高度等几何特征的变化，也有波长、振幅、反射系数等辐射特征，在遥感变化检测与分析中，这些特征的变化一般反映为对应影像像素灰度值的变化。

地理目标变化类型很多，程度不一。首先要依据检测目的，明确检测哪些类型和程度的地理目标变化。在遥感变化检测分析中，地理目标在遥感影像上的变化表现主要有以下几种。

（1）地理目标出现或消失。如某个地理目标在前期数据中不存在，但出现在后期数据中，或者前期存在的地理目标在后期数据中消失。这两种变化易于判断，但也非常重要，最受用户重视。常见的实例有：原本的空地建成房屋，原本的植被覆盖区域变成裸露地面等。这些现象表明地理目标发生了巨大的变化。图 3-1 中可以观测到植被消失和房屋出现。

图 3-1　地理目标出现（消失）

（2）地理目标范围的扩大或缩小。随着时间的变化，地理目标的面积或范围可能发生变化。例如，由于水域处于丰水期或枯水期，面积会发生改变，在影像上的对应区域会变化。图 3-2 中可以观察到水域面积的变化。

图 3-2 地理目标范围扩大（缩小）

（3）地理目标位置和高度的变化。例如：河流改道，地震导致建筑物位移，作物生长和收割引起的高度变化，新建建筑等。图 3-3 是不同时相 DSM（数字地表模型）数据的比较，从中可以看到，DSM 高度发生了变化。

图 3-3 地理目标位置和高度的变化

（4）地理灾害变化，主要指由于量变而产生的质变。此类变化要利用长时间序列的监测数据才能检测。例如滑坡监测，开始监测到的是细小裂缝，而随着裂缝变形变大，会逐渐导致垮塌和滑坡等严重地质灾害（图 3-4）。与之相似，对大坝坝体、铁路路基等的监测也是如此。

2017 年，国家测绘地理信息局颁布的《基础性地理国情监测数据技术规定》中规定：地理国情要素变化包括三种类型：一是伸缩移位型，二是新生型，三是灭失型。原有地理要素分布范围、位置或其他属性发生了变化，属于伸缩移位型变化；新增的几何要素，属于新生型变化；本底数据中存在的几何要素整体消失了，属于灭失型变化。

3.1.2 数学原理

地理变化检测与分析使用不同时相的地理信息数据进行变化检测。其数学模型为：假

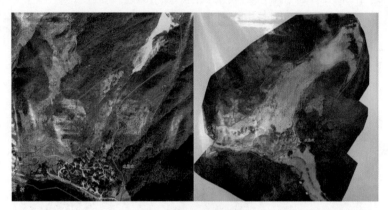

图 3-4　地理灾害变化

设存在两个集合 I_1：$R^l \rightarrow R^p$ 和 I_2：$R^l \rightarrow R^q$，分别表示在不同时相 t_1 和 t_2 获取的同一区域数据，通常将 R^p，R^q 视作从地理几何空间 R^l 到特征空间 I_1，I_2 的映射。其中，l 为地理几何空间的维数，一般为 2；p，q 为映射得到的特征空间的维数，在遥感变化检测中，p，q 为影像数据的波段数。如果影像数据由同一传感器采集，则 $p = q$；如果影像数据来自不同传感器，则 $p \neq q$。为了变化检测的便利，通常会从不同时相影像中选择波段匹配的对应信息进行检测。

变化检测的主要思想是以两个不同时相（假设为 t_1 和 t_2）获取的同一区域的地理信息数据作为输入数据，通过对其进行相应的操作运算（一般包括求差、求比值等）生成对应的差异数据集合 I，$I = I_2 - I_1 = R^q - R^p$。再根据所设置的阈值 T，将差异数据集合分为两部分，即变化数据集合和未变化数据集合。在遥感影像数据处理中，这个步骤通常称为二值化，结果为二值差异影像 $B(x)$。决策规则如下：

$$B(x) = \begin{cases} 1 & I(x) \geq T \\ 0 & I(x) < T \end{cases} \tag{3-1}$$

令 $\Delta t = t_2 - t_1$，则当 $\Delta t \rightarrow 0$ 时，有 $B(x) \rightarrow 0$。可见，地物变化是随着时间发展而发生连续变化的过程，当两幅影像获取时间无限接近时，地物变化接近 0，影像变化也趋近于 0。

对遥感变化检测而言，输入的遥感数据是在连续时间内对地物类型进行离散采样的观测结果。观测次数越多、越频繁，采样频率就越高，相邻两次观测之间地物目标发生变化的概率也就越小。遥感变化检测便是在一定时间内与一定时间间隔下，对地物目标进行多次观测和记录，根据数据变化判断和确定地物目标的变化情况。

遥感变化检测的原理如图 3-5 所示。遥感影像记录了地物的状态和特征，且影像的质量决定检测结果的准确程度。当地物发生变化时，其状态和特征也随之发生变化，这种变化被记录在不同时相的遥感影像中，一般表现为灰度、纹理等特征的变化。通过对不同时相的遥感影像进行变化检测，我们能够找到这些影像特征的变化，并将之标记出来。最后，将影像中发生变化的位置与实地的地物目标相对应，确定相应变化地物目标，提交给用户。

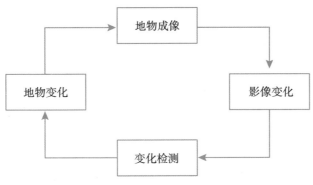

图 3-5 遥感变化检测原理框图

地物目标变化分为量变和质变两种情况。量变程度相对较小，需要高频率、高精度观测，并获取长时间序列的数据，才能得到正确结果。质变程度相对较大，相对更容易检测。目前，地理变化检测大多以质变为研究对象。很多量变发展到一定程度会成为质变，更容易被检测出来。

遥感变化检测能力受观测频率、数据质量、检测方法等因素的影响。观测频率越大，发现微小变化的能力越大，在同等监测时间跨度中，其数据量越大，成本越高；数据质量越高，其记录和反映的变化特征就越详细和突出，检测出变化的能力也越强，对应的数据量和成本也越大；检测方法需要针对检测目的和数据来设计，针对性越强，发现和提取变化的能力越强，好的检测方法需要较高的经验和理论知识。

3.2 流程及主要步骤

3.2.1 一般流程

经过多年发展，地理变化检测与分析的基本步骤已比较明确，处理框架相对稳定，如图 3-6 所示。框架流程的每个步骤都有不同技术路线，在具体实践中可以采用不同技术路线或其组合，由此形成了多种变化检测方法。本书主要研究基于遥感数据的地理变化检测与分析，后续章节主要介绍遥感变化检测与分析技术。

3.2.2 主要步骤

1. 选择数据源

地理国情信息包含感知信息、统计信息和分析信息三类。感知信息是直观反映地理状态的信息，其载体有地图、遥感影像、遥感数据等，这类信息包括居民地、地形、水系、道路等；基于感知信息，借助统计等技术方法进行分析计算，就可获得统计信息，国土面

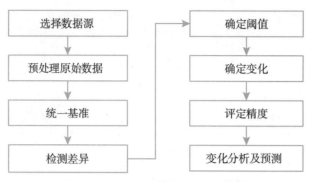

图 3-6　地理变化检测与分析流程图

积、湖泊面积等都属于统计信息；分析信息是经过更多处理和加工的高级信息，包含动态监测提取的变化信息，分析总结的变化规律，预测的发展趋势和演化方向等。地理变化检测与分析是实现从感知信息到分析信息转化的过程，多采用感知信息作为数据源。其数据源可分为遥感数据、既有地理信息数据、实地观测数据和地理调查数据等。

1）遥感数据

遥感数据是遥感传感器记录的电磁波能量信息。遥感数据包含地物目标在数据获取时刻的几何位置、物理状态、空间分布、波谱反射、时相变化等特征信息，反映目标的物理和空间属性。遥感数据是地理国情监测最主要的数据来源，主要有如下优势：①遥感数据的定位精度高，能够满足地理目标的空间位置需求；②遥感数据的几何精度高，能够满足不同尺度的地理目标分析需求；③遥感数据种类多，涵盖地理、光谱、时间等多层空间信息，便于全方位、多维度、深入地观察和分析目标；④遥感数据单位面积成本低，性价比较高；⑤效率高，能够快速获取大范围地表信息；⑥时间特性好，能够快速提供实时和准实时的目标信息，稳定地提供周期性的多时相数据。

遥感数据有可见光影像、雷达影像、激光扫描影像、多光谱影像、高光谱影像（图3-7）等多种类型。这些数据能够为目标空间和物理特性的判断提供依据，实现研究目标分类和变化检测。此外，微波辐射计、微波散射计等也可提供一些离散的信息和其他类型信息。

遥感变化检测时，由于对象和目的不同，需要利用相应的技术方法对特定的遥感数据进行处理。随着传感器技术的不断发展，遥感数据的种类越来越多，精度也越来越高，可用于地理国情监测的信息也更加丰富。一种较好的处理方法是采用数据融合技术，综合使用多种遥感数据，全面获取目标的特性和空间信息，更好地实现变化检测。

2）既有地理信息数据

随着地理信息、数字地球、智慧城市、数字孪生等技术和方案的出现，越来越多的测绘及专题信息被获取、加工并精心管理。这些既有地理信息数据都可以作为本底数据，在地理变化检测中发挥重要作用。既有地理信息数据是经过专业技术人员处理加工生产出来的，满足一定规范要求的地理信息产品。这些产品直接或间接反映某个地理对象的真实信

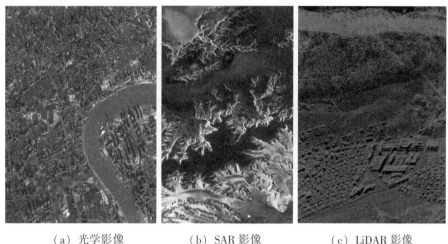

（a）光学影像　　　　　（b）SAR 影像　　　　　（c）LiDAR 影像

图 3-7　部分不同类型的遥感数据

息，用一定的测度方式描述和表征地理对象，包含地理对象的地理位置、分布特点、发展状态等信息。

　　既有地理信息数据来源各异，有建筑、规划、城市管理、环境监测、社会调查等诸多行业生产和管理部门；内容广泛，有土地覆盖类型数据、地貌数据、土壤数据、水文数据、气候气象数据、居民地数据、湿地数据、地质信息、行政境界及人口、卫生、教育等社会经济方面的数据。不同部门生产发布的既有地理信息数据综合在一起能够全面反映地理现象及实体的信息和特征，对于地理变化检测与分析尤为有利。由于各生产部门的应用目的不同，其对不同地理现象、地理实体、地理要素、地理事件和地理过程采用的标准不同，因此产生了不同种类和类型的既有地理数据。常用的既有地理信息数据主要有：测绘机构提供的全要素地形图，房产部门获取的房产测绘数据，海事部门获取的海图以及地质、交通、电力规划等行业获取的数据。尽管这些数据的详细程度、精度等各有不同，但都可以提供一定的地理信息，能够作为地理变化检测与分析的数据来源。既有地理信息数据存在分带、分幅不统一，比例尺多种，绘制内容详略不同，体例多样，现实性较差等问题。在变化检测前，需要先在时间、比例尺、精度以及符号、图例等方面进行匹配，统一数据基准。

　　既有地理信息数据是地理变化检测与分析的重要数据源，具有极为重要的价值。它包含丰富的地理信息，清晰记录和描述地理对象在相应时刻的性质和状态，经过处理，其可以作为变化检测的本底数据。此外，经过多年的数字化、信息化处理，这些数据大多遵循一定的标准和协议，存储在地理信息数据库中，并由 GIS 系统管理，能够方便、快捷地使用，更有利于开展地理变化检测工作。图 3-8 为既有地理信息数据示例。

　　3）实地观测数据

　　借助设立在野外的观测站（网）、独立观测设备等，通过实地人工观测或传感器自动采样可获取实地观测数据。实地观测数据主要包含水准观测网、GPS 变形观测网、工程放

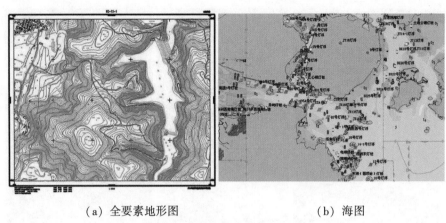

（a）全要素地形图　　　　　　　　　　　（b）海图

图 3-8　既有地理信息数据示例

样、地震监测网以及工程测量等手段获取的观测数据。此外，通过专业技术人员在现场观察确定变化，再使用仪器进行精确测量和记录可获得实地调绘数据，也是一种实地观测数据。调绘数据一般偏重定性描述，几何精度相对不高，成果精度与底图精度、作业员的经验密切相关。

实地观测数据实时性强，精度高，获取周期稳定，在地理变化检测中有独特优势。在配准和融合时，一般以实测数据为控制数据；在精度评价时，以实测数据为检校数据；在尺度变换处理时，可基于实测数据进行尺度扩展，推算整个区域的情况。

实地观测数据通常表现为独立的空间点，分布离散且间距大，无法精细表达细节信息，不能形成数字图像。由于成本较高，时间太长，实地观测数据的数据量一般较小，覆盖面小。如果实地观测数据的采样点不均匀，且集中在局部区域，会造成研究区信息精度分布不均，影响成果精度。因此，实地观测方案设计中，采样点应根据需求尽量均匀布设，以保证反映整个区域的特征。如图 3-9 所示为实地观测数据示例。

4）地理调查数据

地理调查数据是对一定区域内的地理要素的数量、种类、属性、布局等情况进行调查和汇总，综合反映了地理要素的属性和空间分布等状态。调查统计信息是地理国情监测的重要数据来源，但在地理变化检测与分析中，由于调查统计信息的定位和几何精度不易控制，时间和周期等也很难精准确定，通常只能作为分析研究的辅助数据。

有时虽然地理属性信息发生了变化，地理对象的几何、性状等外在特征却没有变化。例如当地块所有人信息改变时，地块的覆盖、面积、形状等没有改变，使用遥感变化检测的方法无法发现，只有核查统计才能发现变化。也有一些外在特征变化与属性信息变化同时发生，例如房子拆迁时，在地理目标外在特征变化的同时，住户地理属性信息也发生改变。此时这两种变化信息可以互为验证数据，以提高变化检测结果的准确性。

地理国情监测数据源种类繁多，性质各异，具有大数据的特征。在具体实施地理变化检测时，正确选择数据源是一个关键步骤和技术环节。一般来说，遥感观测数据能够很好

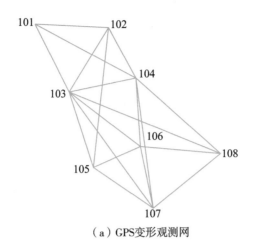

（a）GPS变形观测网

（b）地震监测平台分布图

图3-9 实地观测数据示例

地表现、描述研究地物或现象的物理、几何特征，这是遥感技术得以应用的基本前提。除此之外，地理变化检测与分析对数据源还有更高的要求，即要求其使用的不同时相的观测数据具有"可比性"。具体要求是：①除物理特征和几何特征外，观测数据还必须能够表现、描述地理目标的时态特征。地理目标在不同的时刻有不同的状态，在观测数据中有不同的特征，这就是地理目标的时态特征。如果观测数据不能准确描述地理目标的时态特征，则地理对象在不同时刻的不同特征将不能被识别和提取，导致变化检测失败。②待研究地物或现象时态特征的变化必须显著地表现在观测数据中。所谓显著，就是时态特征变化所引起的灰度或纹理变化应该大于噪声引起的变化。这些噪声一般是由大气、物候、日照以及传感器等干扰因素造成的灰度或纹理变化，也包括一些统计、计算的错误。在这样的前提下才能采用某种方法将时态特征变化与干扰因素分离和提取出来。否则，地理目标的变化信息会淹没在干扰因素造成的变化中，无法被准确识别和提取，造成变化检测失败。

变化检测选择数据源的时候，如果已有地理信息数据、实地观测数据和调查统计信息等，设计新数据采集方案时，需要考虑与既有数据的采集时刻、分辨率、数据特性等保持一致，以最大限度地利用既有数据，满足变化检测条件。

对变化检测数据源，尤其是遥感数据源的比较选择，实践中已经发现一些规律，制定了一些基本原则，相关内容将在后续的章节中详细介绍。

2. 数据预处理

任何遥感影像在成像时都会受到外界的干扰，引起误差。在对遥感影像进行处理和分析前，需要对影像数据进行预处理操作，这也是遥感变化检测的重要前提。预处理一般包括：辐射校正、几何校正、影像镶嵌、影像融合、影像裁剪等。其中辐射校正与几何校正是遥感影像变化检测中最常用的预处理方法。

1）辐射校正

遥感影像是传感器将接收到的辐射强度转换为影像的灰度值并记录下来而形成的。传感器接收的辐射强度主要由太阳辐射能量、地物的光谱反射能量以及大气辐射干扰等决定。

受传感器自身以及大气辐射等因素的影响，传感器记录的能量与地物目标反射的光谱能量存在差异，造成影像上记录的亮度值不能正确反映真实的地物光谱反射值，两者之间的差值称为辐射误差。

遥感影像的辐射误差主要包括传感器性能引起的误差、地形起伏造成的误差、光照变化引起的误差以及大气散射和吸收引起的误差。图 3-10 所示为传感器性能引起的误差。对于由于传感器扫描线数据丢失而产生的线状数据缺失，通常使用其上条或下条扫描线的数据进行填补消除。

辐射校正是指在遥感影像处理时，消除或改正传感器输出的辐射能量中的各种噪声的操作。其目的是建立遥感传感器的数字量化输出值与其所对应视场中辐射亮度值之间的定量关系。辐射校正主要包含三个方面：①改正传感器性能造成的辐射误差。例如，光学镜头的非均匀性引起的边缘减光现象、光电变换系统的灵敏度特性引起的辐射畸变等。②改正光照条件差异所引起的辐射误差。例如，太阳高度角不同引起的辐射畸变、地面倾斜引起的辐射畸变等。③改正大气特性所引起的辐射误差。例如，大气散射引起的辐射误差、大气吸收造成的能量不均匀衰减等。图 3-11 展示了图像在辐射校正前后的差异。

辐射校正常用方法主要有两种：绝对辐射校正和相对辐射校正。绝对辐射校正的目标是使单幅遥感影像的灰度值真实反映地物的光谱反射能量。绝对辐射校正一般是利用较精确的大气校正模型（如 6S、MODTRAN、FLAASH、ATCOR 等）来实现，通常需要使用相关参数（如卫星过境时的地物反射率、大气能见度、太阳天顶角和卫星传感器的标定参数等）。绝对辐射校正主要有实验室定标、星上内定标和场地外定标等方法。

相对辐射校正也称为相对辐射归一化，是以某一特定时相的遥感影像为标准，对其他时相遥感影像进行的校正处理，其目的是使所有时相遥感影像的同名地物光谱特征一致。相对辐射校正不需要利用大气状况、太阳天顶角等参数，而是基于像元灰度值，建立多时相遥感图像各波段之间的校正方程，进行归一化处理。相对辐射校正采用的方法主要有两

图 3-10 扫描线缺失造成的辐射误差

图 3-11 辐射校正（左图为校正前，右图为校正后）

类：一是非线性校正法，如直方图匹配；另一类称为线性回归法，如图像回归法、伪不变特征法等。

还可以使用一些简单的辐射校正方法，例如直方图最小值去除法。该方法认为每幅图像上都应有辐射亮度或反射亮度为 0 的地区，如果其亮度值并不为 0，则这些地方的亮度值（一般是区域内亮度值最小的像素）就是噪声引起的辐射度增值。因此，将影像中各像元的亮度值都减去最小亮度值，能够改善图像的亮度动态范围，增强对比度，也能提升影像质量，达到辐射校正的目的。

2）几何校正

成像过程中遥感影像的几何位置会改变，产生诸如行列不均匀、像元大小与地面大小对应不准、地物形状不规则变形等，这种改变称为几何畸变。几何畸变是平移、缩放、旋转、偏扭、弯曲等变化形式共同作用的结果。几何畸变的主要成因有：①遥感平台位置和运动状态变化，如航高、航速、俯仰、翻滚、偏航等参数的变化；②地形起伏造成的像点位移；③地球表面曲率造成的像点位移；④大气折射造成的像点位移；⑤地球自转所造成的影像变形等。

几何校正是消除影像中的几何变形，并且重新确定各像元亮度值的过程。几何校正又分为粗纠正处理和精纠正处理。

粗纠正处理主要改正系统误差。其过程是，首先根据传感器的成像方式，建立构像方程；再将实地测量的检校数据（如外方位元素，控制点坐标等）输入方程，得到构像方程的系数；最后将原始图像的数据代入构像方程，就可以实现几何粗纠正。粗纠正可以有效消除传感器内部畸变所引起的系统误差。经过粗纠正处理后，影像仍会有较大残差，需要进行下一步更精细的纠正。

精纠正处理包括两个环节：一是坐标变换，将影像坐标转变为地图或地面坐标；二是对坐标变换后的像素灰度值进行重采样，建立两幅图像对应像素灰度值之间的换算关系。步骤是先计算纠正后像元在原图像中的位置，然后计算该点的亮度值。精纠正常用方法有最近邻法、双线性内插法、三次卷积内插法等。

研究表明，不同时相的遥感影像在经过几何纠正后，像素误差在 0.5 像素内时，变化检测的精度会较高，否则变化检测结果的可靠性将大大降低（Jensen，2004）。还有学者对变化检测精度中几何校正误差的影响进行了研究，并对几何校正误差与影像分辨率、场景复杂度之间的关系进行了深入探讨（卢军，2008；祝锦霞，2012）。

3. 统一基准

统一基准是指将不同的数据转换处理到统一的基准中，以便将其进行比较、检测变化。由于数据源的多样性，统一多时相数据基准不仅需要对空间坐标基准进行配准，还需要对分辨率基准、尺度基准、精度基准等进行统一，以及将统计数据等属性数据与空间数据进行对应等。这些需求大大扩展了传统影像配准的内容，增加了难度和复杂度，同时也对相关理论和方法提出更高要求。

在遥感影像变化检测中，影像配准误差对检测结果的影响很大。有学者使用 TM 影像进行了研究，指出若要控制变化检测的误差在 10% 以内，则配准精度必须达到优于 0.2 个像元大小（Dai et al.，1998）。还有学者采用高分辨率遥感影像研究分类后比较法对配准精度的需求，指出应该尽量将配准误差控制在 0 ~ 2.5 像元以内，如果对精度要求较高，则应该控制在 0.5 像元以内（逢锦娇等，2014）。目前，影像配准仍然是多源数据处理的热点和难点，其相关研究一直在持续进行中。影像配准的自动化、智能化以及提高其效率和效果仍然是目前亟待解决的问题。统一多时相数据基准不仅是变化检测的一个重要环节，也是一项关键技术。

4. 检测差异

检测差异是指对不同时相数据进行处理，以突出、识别和提取这些数据之间的差异，也就是我们要确定的变化。检测差异是通过对同一地区不同时相的数据进行减/比操作，得到其差值/比值。在实际的操作中，考虑到不同类型数据特点、统一基准误差以及数据量庞大等因素，不同算法有不同解决方案。例如，根据应用目的，首先将数据中的特征（点、线、面等）提取出来，再对这些特征之间进行相减或相除，既可以减少数据量，又能够满足应用需求，聚焦目标，更容易构建算法、提高精度和加快速度；有的研究将数据进行特征变换（傅里叶变换、小波变换等），投影至特征空间，在特征空间中进行相减或相除，提取变化。检测差异是变化检测的重要技术环节，也是不同变化检测方法的主要区别。

5. 确定阈值及变化

经过检测差异后，得到差异影像，从中提取出差异，就是待求的变化。一般采用阈值分割的方法提取差异。确定阈值是地理变化检测与分析技术的重要步骤和关键技术。阈值选择的准确性，决定变化检测的正确性，以及变化检测与分析的精度和效果。同样地，检测结果使用不同的阈值会得出不同的结论。图 3-12 展示了不同阈值条件下洞庭湖水域面积变化检测的结果。

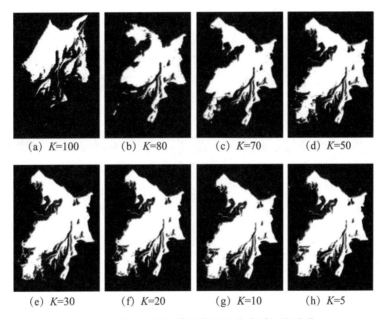

(a) $K=100$ (b) $K=80$ (c) $K=70$ (d) $K=50$

(e) $K=30$ (f) $K=20$ (g) $K=10$ (h) $K=5$

图 3-12　使用不同阈值判断洞庭湖水域面积变化

阈的本意是界线，阈值又叫临界值、门槛值，指一个效应能够产生的最低值或最高值。地理变化监测与分析中，阈值是一个取值范围。当差异值在这个取值范围时，说明不同时相的数据差异较大，数据发生改变，对应地认为地理目标也发生变化；当差异值不在这个范围时，则表明差异并不大，不同时相的数据没有发生变化。根据这个规则，我们判断地理目标是否发生变化，得到变化检测的结果。

确定阈值是图像分割和分类中的经典问题，相关研究在不断发展。地理变化检测与分析中使用的阈值确定方法基本是从遥感数据处理中继承的经典方法，如直方图统计、监督分类、智能算法等。由于地理国情监测具有数据量大、地表目标复杂、变化情况多样等特点，在地理变化检测时，找到最合适的阈值一直是难点。

确定变化是使用阈值对差异图像进行判断和分割，得到二值图像，以确定是否发生变化以及哪些目标发生了变化、目标变化的程度等，并给出结论。在前面的环节确定之后，这个环节相对简单，可以认为是一个二值化过程。

6. 评定精度

在完成变化检测后，需要对变化检测的质量进行评定，分析变化检测结果的精度和可信度，提供质量检测报告。评定精度是地理变化检测与分析的关键技术，只有通过评定精度质量检测合格的成果才能被使用。

地理变化检测的精度取决于很多因素，主要误差来源有：数据源的比例尺、精度、分辨率、数据格式或数据模型引起的误差；数据配准引起的误差；数据的几何校正、辐射校正及归一化引起的误差；地面实测数据引起的误差；数据处理过程引起的量化误差、累积误差；背景环境复杂引起的误差；变化检测方法引起的误差；作业人员的技能和经验不足引起的误差；不恰当的评定精度方案或评价指标引起的误差。

变化检测结果评定精度方法和指标大多来自遥感数据处理，需要结合实测数据，具体应采用何种指标或指标体系，需要根据具体的应用或用户习惯选择。

7. 变化分析及预测

地理变化检测与分析中的分析可以分为两类。一类是精度分析，对变化检测结果进行精度检测，一般使用多个指标构成的指标体系，基于实测数据进行检测，评价检测结果的可行性和可用性。其中还包含技术环节分析，对地理变化检测操作中的各个环节进行分析，分析数据源的质量、预处理的方法、基准的一致性以及阈值设定等各个环节的误差大小、影响、累积、传递等，得到提高变化检测结果精度的方法，必要时可以改进处理流程和方法，重新进行检测，以提高检测精度。

另一类是成果分析，也就是基于变化检测成果分析其成因、影响、趋势，并给出对策。操作人员除了要具有变化检测的专业知识外，还要有相关专业的知识。

本书重点进行精度分析以及初步的成因分析，其他分析内容由空间分析等相关课程介绍。

3.3　地理信息尺度

尺度的概念非常广泛，在不同领域有不同定义。尺度的重要表现为尺度效应，也称尺度现象：同一实体、事件或者过程在不同时间和空间范围会表现出不同特征，具有不同规律。在某个时空、范围成立的经验或规律，在另一个时空、范围不再适用或者发生了偏差。例如，大空间规律不能从小空间尺度找出来，"不识庐山真面目，只缘身在此山中"，使用局部的小范围的数据去推断整体大范围的规律，会出现偏差，甚至错误；长时间规律不能从短时间尺度找出来，如研究森林演化时，使用短时间的数据，会发现森林是单调变化的，树木在长高，物种在变化，但是如果时间足够长，会发现森林的变化是循环的，经过一定时间，衰老树木死亡，新树木又从低矮开始生长，物种恢复为原来的类型，这些都是尺度现象。尺度现象在地理、水文、生态和环境等多个地学相关科学领域都普遍存在，而且受到广泛关注。有人认为多尺度现象将是科学家面临的最大挑战之一，多尺度研究应作为一门独立的科学来对待。在不同领域中，尺度定义不尽相同，但大多数都将其理解为不同等级物质单元的大小和时间的长短。

尺度是地理空间认知理论的重要基础，反映了对地理空间的理解和表达能力，影响着空间信息的内容和空间分析的结果，是正确进行地理变化检测与分析的重要前提。尺度不仅是地学研究的重要理论问题和关键技术，也是地理国情监测的关键技术。李德仁院士（2016）指出，"地理国情监测的对象是具有多尺度特征的地理要素、现象或过程。随着监测尺度的变化，监测对象会呈现出不同的统计特征、时空分布特征和演变规律。"由于地理对象具有尺度特性，地理变化监测与分析结果的正确性也受制于所选尺度的正确性。

Lam 等（1992）定义了四种与空间现象有关的尺度：①制图尺度或地图尺度，即地图比例尺，大比例尺地图提供更详细信息；②地理尺度，即研究区域的空间扩展，大的研究区域具有更大尺度；③分辨率，指空间数据集中最小的可区分部分，越细的区分单位具有越小的尺度；④运行尺度，指地学现象发生的空间范围，如森林具有比单株树更大的运行尺度。Goodchild 等（1997）从地理学的视角出发，认为尺度研究应回答以下 3 个问题：①尺度在空间模式和地表过程检测中的作用，以及尺度对环境建模的冲击；②尺度域（尺度不变范围）和尺度阈值的识别；③尺度转换，尺度分析和多尺度建模方法的实现。从这些论述可以看出尺度问题非常复杂，包含了诸多内容。李小文院士（2005）指出，尺度理论、尺度转换方法与尺度效应问题是定量遥感 4 大方向之一，遥感的科学任务包含了给定的时空尺度和地学应用时空尺度之间的理解和转换。

3.3.1 地理信息尺度的概念

在地理信息科学中，尺度是指研究某一物体、现象或过程时所采用的空间或时间单位，也可指某一物体、现象或过程在空间或时间上的范围和发生频率。它是自然过程或观测活动在时间和空间上的度量，体现了人们对地理实体时空特性认知的深度与广度。

尺度是时空信息的基本属性，制约着观察、表达、理解、分析和交换地理信息的详细程度。尺度理论是地理信息科学的基础理论，地理信息尺度有三重概念，即地理信息尺度的种类、维数和内涵。

1. 种类

地理信息尺度有三种类别：本征尺度（现象尺度）、观测尺度（采样尺度）和分析尺度（表征尺度）。

　　本征尺度，也称现象尺度，是指地理现象（事物、过程）本身具有的大小、范围、频率（周期）。它是客观存在的地理现象，不以人的意志为转移。例如，研究全球范围的地形起伏时，其本征尺度是千米级，而研究武汉市的地形起伏时，本征尺度是米级。

　　观测尺度，也称采样尺度，是对地理现象（事物、过程）进行观察、测量、采样时所使用的规范和标准，包括取样单元大小、分辨率、精度、间隔距离和幅度等。观测尺度受测量仪器、认知目的等因素的制约。地理信息是在一定的观测尺度下获取的，随着观测尺度的变化，地理对象呈现的状态和形式都会发生很大的变化。使用不同观测尺度会得到不同范围、精度、信息量以及具有不同语义的地理信息。例如，同样是对武汉市市域进行观测，使用 10m 精度的 SPOT 数据和使用亚米级的 QuickBird 数据，其精细程度大不相同，所对应产品的描述和精度也都不同。表 3-1 是在不同观测尺度下中国大陆海岸线长度的变化。

表 3-1　各地图比例尺所对应标尺长度 *G* 测得海岸线长度 *L* 对照表（高义等，2011）

标尺长度/m	对应比例尺分母	辽东隆起/km	辽河平原-华北平原沉降/km	山东半岛隆起/km	苏北-杭州湾沉降/km	浙东-桂南隆起/km	中国大陆岸线长度/km
30	100000	1296.7	1625.9	1831.9	1965.9	8934.2	15654.7
60	200000	1214.7	1523.3	1745.4	1863.3	8205.5	14552.3
75	250000	1168.4	1470	1686.5	1799	7947.2	14071.2
150	500000	1009.2	1318.4	1486.4	1648.1	6776.8	12238.9
300	1000000	953.9	1192.1	1329.3	1480.1	5763.2	10718.5
600	2000000	846.7	1121.1	1202.8	1198.9	5005.4	9375
900	3000000	807.1	1048	1160.9	1156.2	4347.1	8519.3
1000	—	786.3	1033.6	1133.3	1144.3	4128	8225.4
1050	3500000	774.7	1031.4	1122	1136.4	4093.2	8157.7
1100	—	770.9	1029.5	1118.6	1123.1	4063.7	8105.8
1150	—	765.5	1028.8	1110.3	1097.7	3898.8	7901.1
1200	4000000	751.6	1023.3	1106.4	1091.6	3853.6	7826.5
1500	5000000	722	1003	1075.8	1083	3622.1	7505.8
1800	6000000	711	977.2	1024.1	1035.7	3516.4	7264.4
2500	—	687.6	959.6	952.2	1023.2	3245.1	6867.6
3000	10000000	674.7	947.1	931.9	1001.6	3209.6	6764.9
3500	—	643.3	926.3	917.4	919.9	3075.4	6482.3

标尺长度 /m	对应比例 尺分母	辽东隆起 /km	辽河平原- 华北平原 沉降/km	山东半岛 隆起/km	苏北-杭州 湾沉降 /km	浙东-桂南 隆起/km	中国大陆 岸线长度/km
4500	15000000	622	900.1	890.6	842.5	2986.3	6241.6
6000	20000000	591.8	888	841.9	802.1	2531.9	5655.6
7500	25000000	565.3	863	825.4	781.1	2508.7	5543.5
9000	30000000	544.7	834.8	816.7	751.5	2488.1	5435.9
15000	50000000	503	784.7	784.2	674.4	2300	5046.3

分析尺度是根据观测结果,对地理空间信息进行加工、分析、决策、推理和表达时所采用的尺度,也称为表征尺度。分析尺度受到本征尺度与观测尺度的制约。地图、模型、实景三维等都是对现实世界的模拟和仿真表达,其详细程度和精度受到表达规则的约束。如果表达标准不同,使用相同的遥感数据源的产品的空间表达能力不同(图3-13)。同样的地理空间,在不同标准的产品中表现出的形状、形式、精度等都不同。例如,同样对武汉市市域成图,分别使用1:10000的标准和1:2000的标准,则同样的地理实体有的是点,有的是依比例尺表达的实际形状;实体之间的组合关系也不一样,如房屋之间是分离还是邻接关系。

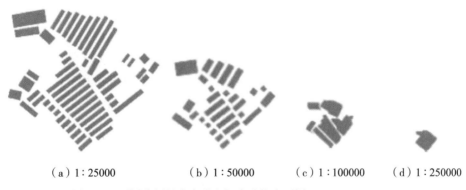

(a)1:25000   (b)1:50000   (c)1:100000   (d)1:250000

图3-13　不同分析尺度产品空间表达能力不同(Li et al.,2004)

在进行变化检测和分析时,三种尺度需要匹配,否则会产生错误。这里的匹配指一定范围内的对应。例如,对本征尺度为千米级的研究对象来说,使用观测尺度为百米级或几十米级的数据都是可行的,但使用亚米级的数据就明显不合适。同样地,如果对这样的对象使用1:500的标准来成图,也不合适。

2. 维数

地理实体具有空间特征、时间特征和语义特征三种,它们都需要使用尺度去衡量,对应地有空间尺度、时间尺度和语义尺度，这就是地理信息尺度的三个维数。在表征某一地理现象或目标尺度时，需要先确定这三个维数。这三个维数都明确了，地理实体尺度也就清晰确定了（图 3-14）。

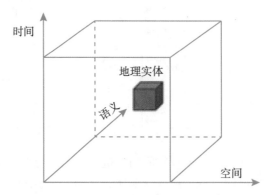

图 3-14　地理信息尺度的维数

地理信息的时间尺度和空间尺度是指在观察或研究某一地理现象时所采用的时间和空间的尺度，通常指地理现象在时间和空间上所涉及的范围，包括时间与空间的间隔、频率、粒度（分辨率）等。语义尺度是指地理信息所表达的地理实体、地理现象组织层次的大小以及区分组织层次的分类体系，体现了对地理实体的概括程度，是对其理解、表达和组织的层次体系。空间尺度和时间尺度主要通过测度获得的数值量或比例量来表征，语义尺度主要通过定名量和次序量来表征。

研究地理对象或过程时，首先需要明确空间尺度，空间尺度主要取决于地理对象的规模和体量（本征尺度），相对容易确定。由于地理对象大小和体量多样，空间尺度覆盖范围很广，选择空间尺度时需要对空间尺度进行取舍。要先确定研究对象中的重点目标，再根据重点目标的本征尺度确定空间尺度。这样，即使这一空间尺度未必能最好地适合其他目标，但能满足研究需要。从空间尺度的角度来看，任何空间尺度的数据都只最适合研究某一特定地理目标。

时间尺度的选择相对复杂，它不仅取决于研究对象的时间特性，同时也要根据研究目的确定。不同变化检测应用，其目的不同，对时间周期和时相的要求也不同，需要的时间尺度也不一样。

语义尺度受到时间尺度和空间尺度的共同制约。研究对象越具体，其空间体量就越小，需要的空间表达就越细微，空间分辨率越高，时间尺度越小，需要的采样频率越大，地理实体及属性类型越具体，语义粒度越小，语义分辨率越高。

3. 内涵

李志林（2005）认为，尺度无法用单一参数来表示，需要用一组参数来表达，如区域的范围大小、地图比例尺、分辨率/粒度、精度和变异性等。艾廷华（2006）认为从尺度概念的内涵上分析，包括三个方面：广度，描述现象覆盖、延展、存在的范围、期间、领域；粒度，记录、表达的最小阈值（大小、特征的分辨率）；间隙度，采样、选取的频率（图 3-15）。

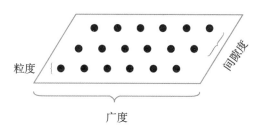

粒度

间隙度

广度

图 3-15　地理信息尺度的内涵（艾廷华，2006）

广度是指地理现象的范围。空间广度是指空间所覆盖的大小，一般通过面积来表示；时间广度是指时间所持续的长度，一般通过时长来表示；语义广度是指地理事物的类型以及类型所包含的层级。空间广度越大，空间尺度就越大，所对应的空间范围也越大；时间广度越大，时间尺度就越大，所对应的时间长度也越长；语义广度越大，语义尺度越大，所对应的描述也越宽泛，表达的层级越多。

粒度原意是指微粒体量的大小。空间粒度是指描述地理对象空间尺寸的最小单元所代表的长度、面积和体积，例如栅格数据中的格网大小、影像数据的像素大小和地面分辨率等；时间粒度是指描述地理对象时间信息的最小单元所代表的长度、间隔、频率等，例如影像数据的获取时刻、遥感产品的生产时刻等；语义粒度是指描述地理对象概念最小单元（类）所代表的意义，它表明了语义层次中的地理实体及其属性的级别。语义粒度越小，所能表达的语义层次就越多，其语义分辨率越高。

间隙度用来表示地理对象之间的关系。空间间隙度可以理解为相邻的两个地理对象在空间上的间距，也可以理解为空间采样的频率；时间间隙度是时间上的采样频率，可以理解为序列遥感影像的成像间隔时间；语义间隙度是指语义层级之间的差别，可以理解为不同类别之间的差异的大小。

3.3.2　地理信息尺度效应和尺度特性

尺度效应是指随着观测和分析尺度的变化，被测对象数量特征、质量特征、空间结构和时间结构都会发生变化。简而言之，就是同一实体、过程在不同的时间和空间范围上表现出不同的特征和规律。地理信息的尺度效应是指尺度变化所造成的对地理现象表达、分析的抽象程度、清晰程度、空间与时间结构模式的不同响应。例如，针对海岸线的长度，研究者从不同的角度出发或使用不同的测量仪器都会出现不同的测量结果。尺度效应要求在确定地理信息尺度时，本征尺度、观测尺度和分析尺度之间必须匹配，否则会造成在地理对象或现象的描述、分析和理解等方面出现偏差或错误。要找到某种规律，必须在相应的尺度下去寻找；某一尺度下成立的规律，在其他尺度下不一定成立。

尺度效应是尺度特性的外在表现，尺度特性是尺度效应的内在根据。依据尺度在地理信息的获取、处理、传输、表达和分析等过程中所展现的基本规律，一般认为尺度有三种特性：尺度依赖性、尺度不变性和尺度一致性。

1. 尺度依赖性

地理信息的尺度依赖性是地理信息尺度最基本的内在属性，是指地理信息时空特征随着观测和分析尺度的变化而发生变化，造成在对其理解和描述时，目标时态特征、目标间的关系、目标发展规律等也随之发生改变。也就是说，地理信息研究的过程和结论依赖于特定的地理信息尺度。尺度不同，目标时态特征和目标之间组合关系可能不同，可能造成目标间的对应关系或联系的强弱程度会发生变化，使得出的规律或知识出现偏差，甚至错误。

地理信息的尺度依赖性包括空间尺度依赖性、时间尺度依赖性和语义尺度依赖性。空间尺度依赖性是指地理对象的空间形状以及地理对象之间的空间关系等与空间尺度密切相关。如地物在不同比例尺的地图上可能会表现为点、线、面等不同的空间形状，地物之间的关系也可能表现为相离、相交和包含等不同的空间关系。时间尺度依赖性是指地理目标的时间特征、演化过程、变化规律与观察周期和时间间隔密切相关。如对农作物生长变化特点和规律进行研究时，若观察周期设置为年，则有可能发现不了农作物的形态变化，得不到农作物生长的特点和规律。语义尺度依赖性是指地理目标的语义表达和理解等受到空间尺度的制约。例如，在小比例尺地图上，较小的地理实体会被合并到体量较大的地理实体中综合表达，无法单独表示，其语义关系自然无法体现。

2. 尺度不变性

尺度不变性是指在一定的尺度范围内，地理信息所表征的内容、形态、特征和规律的相对稳定。即在特定范围内，如果观测和分析尺度有变化，地理信息的时空特点不随之变化，不影响对目标时态特征、目标间的关系、目标发展规律等的理解和描述。例如在一定的地图比例尺范围内，图面表达的地理实体的几何精度不变，地理位置不变，空间形态不变，对应地，其空间关系特征也不会发生变化，所以空间特征、语义特征相同。时间特征的尺度不变性是指在一定范围内，时间尺度的变化并不会引起空间和语义尺度的变化。语义特征的尺度不变性是指语义尺度在一定范围内发生小的变动，不会引起空间和时间尺度的变化。

3. 尺度一致性

尺度一致性是地理信息处理和分析的重要前提，它要求观测尺度必须与本征尺度保持一致。

空间尺度的一致性是指，在描述和分析地理现象时，地理信息的空间尺度必须与地理现象的空间特性相一致。首先，地理信息的空间广度必须与地理现象发生的地理范围相一致，例如，在对环境污染进行监测和分析时，必须将所有污染的范围包含在内，否则无法监测和分析环境整体污染状况，得到其发生及发展的规律。其次，研究本征尺度较大的地理实体应选择较大的空间粒度，描述比较概括的空间特征，如果选择较小的空间粒度，则不能正确表达地理现象的空间格局与特征。例如，在进行森林植被群落调查时，使用样方为基本单元，而不是单株树木。同样，对本征尺度较大的地理现象进行分析，也应该采用较大的空间间隙度来观测，否则不易发现地理现象的格局和规律。

时间尺度的一致性是指，地理信息的时间尺度必须与地理现象的时间特征相一致。首先，时间广度必须与地理现象发生的时间范围相一致，如此才能完整地刻画其时间特征与规律。其次，时间精度（粒度）也要与研究目标的时间特征一致，一般变化速率越快的地理现象，其要求的时间精度也越高，否则会无法发现现象的变化过程和规律。例如，在研究建筑物的变化情况时，时间粒度可以月、年计；在研究水稻生长变化时，要以旬来计；研究地质变化要以数十万年计。同样地，在获取地理现象信息时，数据采样的时间间隔（频率）必须与地理现象的时间变化特征相一致。采样间隔与时间精度密切相关，变化速率快的地理现象的采样时间间隔也相对要小，以便反映时间变化特点，掌握其变化细节特征；而对于变化速率较慢的地理现象，应采取较大采样时间间隔。对于与时间周期相关性极强的地理变化检测与分析而言，选择正确的时间尺度，使用关键时间点的监测数据至关重要。

语义尺度的一致性是指，用以描述和组织地理现象的分类及层级等，要与地理实体的本征尺度相一致，符合实体自身的复杂程度，同时也要与检测目的相一致，在能满足分析要求的情况下，尽可能简化语义尺度。例如，如果仅仅研究建筑物的变化情况，在遥感影像分类时，只需分为建筑物和非建筑物，没有必要将水体、植被，甚至电力线都专门分类提取，这样只会增加处理时间，干扰分析过程，无助于变化检测的效率和效果。

尺度的一致性还要求语义尺度、时间尺度和空间尺度三者之间必须相互匹配与协调，以正确地表达地理现象的空间、时间和语义特征，满足理解和分析的要求。

总之，尺度效应是地理变化检测与分析中必须重视的现象，地理信息尺度的不匹配会给地理变化检测与分析带来误差，造成结果失真或错误。地理变化检测与分析操作中，必须深入研究尺度选择技术，确定最优尺度；深入研究尺度转换技术，将不合适的尺度转换成最优尺度，实现数据源、分析方法和分析成果的尺度统一。

3.4 地理信息基准

地理变化检测与分析的检测目标是变化，而变化是相对于参照物的改变。这个参照物就是基准。只有对照基准才能判断和描述变化。地理变化检测与分析的地理信息的基准主要包括：时间基准、空间基准、地理单元基准、地学编码基准、地理单元基准、尺度基准、精度基准等。我们通常说的建立本底数据，其中重要的内容就是确定基准。

3.4.1 时间及空间基准

1. 时间基准

所谓时间基准，在变化检测中指本底数据的产生时刻。数据种类不同，时间基准也不同。例如，影像的时间基准就是获取影像的时刻，其定义较为清晰和精确；矢量地图的时间基准也是生产时间，但可能是一个时间段；离散的现场数据采集也是一个时间段。因此，变化检测的时间基准不仅会是一个时刻，也可能会是一个时间段，如天、周等，无需与导航定位中的时间基准一样精准。例如，第一次全国地理国情普查时间基准为 2015 年 6 月 30 日 24 时，第二次全国土地调查以 2009 年 12 月 31 日 24 时为汇总调查数据的标准时点，第三次全国土地调查以 2019 年 12 月 31 日 24 时为汇总调查数据的标准时点。

2. 空间基准

空间基准是某一时刻地理空间位置的起算点，包括平面基准和高程基准。平面基准主要包含参考椭球、坐标原点、分带、地图投影和平面控制网；高程基准主要包括水准原点和水准网。所有的数据必须有统一的空间基准才能进行比较，检测变化。

1）平面基准

常用的坐标系统有参心坐标系、地心坐标系和地方独立坐标系等。参心坐标系以参考椭球为基准；地心坐标系以地球椭球为基准的坐标系；地方独立坐标系使用建设方自主设定的平面和高程基准系统。无论何种坐标系均可分为空间直角坐标系和大地坐标系。

（1）地心坐标系。

地心坐标系（Geocentric Coordinate System）以地球质心为原点建立的空间直角坐标系，或以球心与地球质心重合的地球椭球面为基准面所建立的大地坐标系。地心坐标系包括地心大地坐标系和地心空间直角坐标系。

地心大地坐标系是以参考椭球面为基准面建立起来的坐标系。地面点的位置用大地经度、大地纬度和大地高度表示。大地坐标系的确立包括选择一个椭球、对椭球进行定位和确定大地起算数据。其中，地球椭球体表面上任意一点的地理坐标，可以用地理纬度 B、地理经度 L 和大地高 H 来表示。任意一点的位置都可以用（B，L，H）坐标来表示。

地心空间直角坐标系是：原点 O 与地球质心重合，Z 轴指向地球北极，X 轴指向格林尼治子午面与地球赤道的交点，Y 轴垂直于 XOZ 平面并与 XZ 轴构成右手的坐标系。任意一点的位置都可以用（X，Y，Z）坐标来表示。

（2）参心坐标系。

参心坐标系是以参考椭球的几何中心为基准的大地坐标系。通常在局部范围使用表面与该处大地水准面最吻合的地球椭球体作为参考椭球，设置相应的坐标系统。通常分为：参心空间直角坐标系（以 x，y，z 为其坐标元素）和参心大地坐标系（以 B，L，H 为其坐标元素）。根据地图投影理论，参心大地坐标系可以通过高斯投影计算转化为平面直角坐标系，为地形测量和工程测量提供控制基础。

许多国家或地区都选择一定的参考椭球，对参考椭球进行定位和定向，建立适合自己国情的国家坐标系。我国国家坐标系有 1954 北京坐标系和 1980 西安坐标系。

（3）地方独立坐标系。

在小范围的测量工程中，如果位于国家坐标系中标准分带的边缘区域，会使地面长度的投影变形较大，精度较低，难以满足工程需求。通常会自由选择合适的中央子午线，自定计算基准面，建立独立的平面坐标系。其坐标系由建设方自主定义原点和方向，建立独立的控制网。

2）高程基准

高程系统是指相对于不同性质的起算面（大地水准面、似大地水准面、椭球面等）所定义的高程体系。

常用高程系统主要有大地高程系统、正高系统和正常高系统。

大地高程系统是以椭球面为基准的高程系统。通过大地高程系统计算的高程称为大地高，其定义为：由地面点沿着通过该点的椭球面法线到椭球面的距离，通常以 H 表示。

正高系统是以大地水准面为基准的高程系统。通过正高系统计算的高程称为正高，定义为：由地面点沿铅垂线到大地水准面的距离，通常以 H_g 表示，又称为绝对高程或者海拔。

由于大地水准面无法严格确定，一般以似大地水准面来代替，对应地，就出现以似大地水准面为基准的正常高系统。通过正常高系统计算的高程称为正常高，定义为：由地面点沿铅垂线到似大地水准面的距离。正常高与正高的差值与该点的重力加速度等参数有一定关系。

我国通用的高程系统主要有以 1956 黄海高程和 1985 国家高程为基准的两种系统。

3.4.2 地理单元及地学编码基准

1. 地理单元基准

在认识和理解复杂的地理环境的过程中，为了分析研究区域内不同部分的差异而划分出的内部性质相对一致的空间单元，称为地理单元。地理单元通常是多级别、多尺度的。地理环境中最简单的不可再分的地理实体称为"最小地理单元"。最小地理单元是研究中最基础的地理实体，是其他级别地理单元形成的基础，当在更大尺度上研究时，就需要按照一定的原则进行综合或者有规律的组合，以得到更大尺度的地理单元。地理单元从低级到高级，内部相似性逐渐减少，单元之间的差异性逐渐增大。

地理变化检测与分析需要在相同地理单元划分下进行比较，例如，对应像素之间比较，对应地块或对应实体目标之间进行比较，才能确定是否发生变化，以及变化的程度和体量。目前我国不同的行业对地理单元的定义和划分差异较大，并且普遍存在单元划分过粗、单元定义不严谨、界定不一致等问题，影响了数据共享，更影响了变化检测结果的分析、理解和表达。对变化检测与分析工作而言，有必要在作业时，充分了解具体应用对系列单元划分的习惯和规定，只有这样，才能保证成果的可用性。

2. 地学编码基准

地理单元划分之后，需要对不同时空和级别的地理单元进行描述，以区分其时态、位置和层级，这就要求制定规范、合理、切实可行的地学编码系统。底图数据、模型数据以及成果表达等都与地学编码密切相关。统一地学编码基准是确保变化检测正确性和地理表达准确性的重要前提。

按照一定标准可以将地理信息划分为若干个层次目录，建立有层次的、逐渐展开的分类体系。针对不同的应用目标，地理分类体系可能不同，即使研究同一地理现象，采用的分类体系也可能大有不同。不同数据源的特性不相同，其分类、分级也不尽相同。

3.4.3　尺度及精度基准

1. 地理信息尺度基准

变化检测时会涉及多尺度的数据，由于尺度效应的影响，在地理变化检测与分析中，不经处理地使用不同尺度的数据，会带来多种误差，影响处理效果。通常尺度基准由研究对象或过程的性质和复杂程度决定。若研究大范围的现象，则需要用大尺度的数据，对小尺度的数据进行尺度扩展使用；反之，则需要尺度收缩。在融合不同分辨率数据时，在满足尺度需求的条件下，可考虑将高分辨率数据转换为低分辨率数据。变化检测成果的尺度范围也需要根据应用目标的情况来选择，尺度不匹配也会产生错误的分析结果。

2. 精度基准

精度基准主要是针对几何精度而言的。遥感数据和底图数据的多样性会产生几何精度不一致的情况，几何精度差异会产生配准误差，这会导致变化检测结果失真。原本没有变化的区域，由于没有配准，出现灰度值不一样的情况，误判为变化区域。即使很小的几何位置误差带来的配准误差，也会造成大量的检测噪声，降低变化检测结果的可用性。很多应用需要高几何定位精度，如果变化检测的几何精度不高，其成果的精度质量会受到影响，无法满足应用需求。通常应该采取纠正、平差等技术方法提高低精度数据的定位精度，保证数据源和检测结果具有高几何精度，以满足应用需求。

3.5　阈值

3.5.1　概念

变化检测需要提取遥感影像中目标区域的变化信息。但是这些变化信息可能十分细微，难以目视识别。而从背景影像中准确、有效地提取变化信息是其中的关键环节，也是技术难点。当前多采用阈值分割的方法实现。

阈值是指一个效应能够产生的最低值或最高值。在遥感影像处理中，常用到阈值分割的概念，主要是指当影像某个像素特征值大于（或小于）某个数值（阈值）时，该像素属于（或不属于）某一类别，即通过比较像素特征值与给定数值的大小，来确定该像素的类别，实现影像的分割（划分为不同类别）。阈值分割法是一种基于区域的图像分割技术，是通过设定不同的特征阈值，把图像像素分为若干类，多用于区分目标和背景。用于分割的特征包括：原始图像的灰度、光谱特征、彩色值和统计特征等。

在地理变化检测与分析中，检测差异后，要对差异图像进行二值化，得到变化信息，这一过程需要确定正确的阈值。

3.5.2　分类

针对图像分割中阈值选择的问题，国内外专家学者提出了大量方法，已在很多领域中得到应用。基于阈值的确定方式，阈值分割方法可以被分为两类：参数化方法和非参数化方法。

参数化方法假设图像的灰度分布满足某种统计模型，通常认为是正态分布，利用图像的直方图估计模型参数，再用所得模型拟合图像的直方图分布，并以直方图特定位置（一般为双峰交叉处）对应的灰度值为阈值进行分割。但此方法中的最优阈值并不总位于高斯分布的交叉点，而且有的图像直方图分布并不满足高斯分布。且当图像类别数增加时，会产生计算量庞大的非线性估计问题。因此，在实际问题中其应用较少。

非参数方法是通过优化某些后验准则函数进行阈值分割，整个过程避免了对分布函数参数的估计。常用的准则函数有最小误差、类内方差、类间方差、熵函数等。此类方法具有鲁棒性更强、效果更好等优点。

依据阈值的作用范围进行划分，图像阈值分割方法包括局部阈值分割法和全局阈值分割法。局部阈值分割法将图像整体划分为若干子图像，并对各子图像进行分割，方法可以用前述的参数或非参数方法。全局阈值分割法则以图像的全局信息作为依据，对整幅图像使用单一固定阈值。两种方法在本质上没有区别，只是阈值作用范围大小不同，其处理效果也各具优势。

局部阈值法对光照不均匀、图像像素无分布规律等的数据处理有较好效果，但其分割结果会在子图像的边界处出现灰度分布不连续的阶跃现象，导致图像失真，需采用平滑技术来进一步消除。局部阈值法的技术关键是如何将图像划分成相对匀质的区域，以及如何准确确定各子图像的阈值。

全局阈值方法很好地避免了局部阈值方法的边缘阶跃问题，但是没有考虑图像的局部特征，无法很好地处理光照不均匀或像素灰度分布异常的非匀质图像。

按照分割区域个数的不同，图像阈值分割法可以分为单阈值分割法和多级阈值分割法。单阈值分割法假定图像仅仅包含背景信息和目标信息两个部分，先确定单一阈值，再比较各像素的灰度值与阈值的大小，像素的灰度值大于阈值的部分分为一类，灰度值小于阈值的像素划分为另一类。若将一类像素视为背景信息或目标信息，则其余像素视为另一类，实现了图像中的背景信息和目标信息的分割。

多级阈值分割则假设图像由两个以上的类别组成，使用多个阈值将该图像像素分割成多个部分。此方法是单阈值分割法的拓展，其确定方法与单阈值分割法基本一致。地理变化检测与分析使用阈值分割差异图像，仅需要将其分为变化和未变化两部分，属于单阈值分割法。

在遥感影像变化检测中，遥感影像是对真实世界的映像，具有复杂的灰度变化和空间分布，不能满足经典的分布函数，造成很多阈值确定方法效果不佳，即无法从影像的背景信息中完整、准确地提取出变化信息。目前生产实践中主要通过人机交互的方式，以作业员目视观察为主，根据经验和试验来确定阈值，完成差异影像分割，从而得到变化信息。此种方法严重依赖作业员的经验和能动性，主观性强且自动化程度低，检测精度和成果质量不稳定，很难得到大范围推广。随着计算机技术和人工智能技术的发展，一些新的半自动或自动的阈值分割方法被应用到变化检测中，如 OTSU 阈值分割法、EM 阈值分割法、循环分割法、矩不变自动阈值法、最佳熵自动阈值分割法、机器学习、深度学习等方法。

3.6　数据源特性

地理国情监测使用的数据源众多，具有不同的时空特性，需要针对应用目的和既有条件选择合适的数据。遥感数据特性参数较多，这里简单介绍 6 种。

3.6.1　波谱特性

不同的地物在不同的波谱范围内具有不同的反射率，不同种类的遥感数据会反映出不同地物的特征。在进行地理变化检测时，需要根据变化检测的对象及目标，选择与研究的地物目标特征相匹配的遥感数据。要实现这一操作，需要相关人员熟悉传感器的各项性能，比如了解其成像方式、数据类型和波谱范围以及合适其探测的目标等。例如，航空遥感数据由飞机等飞行器作为载体，其相对卫星数据而言，更容易获得高分辨率的航空影像。但航片的获取对天气等条件的要求相对较高，一般需视天气情况提前预订，难度较大。因此航空遥感数据通常用来制作大比例尺影像图，或是用来监测重点城市的变化情况。再如，微波遥感是主动遥感方式，不依赖于太阳光照，能够穿透云层，可以全天时、全天候工作。在气候条件差的地区和应急抢险获取地面信息时有重要应用价值。

各种传感器在设计时都考虑了不同波段的范围及其针对的主要目标，在选取数据时也应该加以参照。表 3-2 展示了 SPOT-5 卫星传感器的波段特征，以 SPOT-5 获取的数据为例，在实际处理中通常会挑选 3 个波段进行组合，生成相应的假彩色图像，以利于判断和解译。波段选择通常有如下基本原则：①所选波段组合中包含数据量应该尽量少，以减少使用的数据量；②所选波段组合中包含的信息量应最大，或提供足够后续应用所需的信息量；③所选波段组合中各波段的相关性要小；④所选波段组合中目标地物的光谱反射特性差异应最大。例如，对 TM 影像的 7 个波段而言，解译枯水期的湿地区域时，使用 7、4、1 波段进行组合会获得较好效果；解译丰水期的湿地区域时，使用 7、4、2 波段进行组合会获得较好效果；而使用 4、5、3 波段的组合更适合对植被进行判读和解译；以及不能使用红外或近红外的数据解译水域信息等。

表 3-2 　　　　　　　　　　　　**SPOT-5 卫星传感器的波段特征**

波段号	波段范围/μm	波段名称	波段分辨率/m	主要应用领域
1	0.50~0.59	绿色	10	探测健康植物绿色反射率，可区分植被类型和评估作物长势。对水体有一定的透射力
2	0.61~0.68	红色	10	可测量植物绿色素吸收率，并依次进行植物分类，可区分人造地物类型
3	0.78~0.89	近红外	10	测定生物量和作物长势，区分植被类型，绘制水体边界、探测水中生物的含量
4	1.58~1.75	短波红外	20	用于探测植物含水量及土壤湿度，区别云与雪

波段号	波段范围/μm	波段名称	波段分辨率/m	主要应用领域
5	0.48~0.71	全色	2.5	具有较高的空间分辨率，可用于农林调查和规划，城市规划和较大比例尺专题制图

3.6.2 分辨率

遥感图像的分辨率包括空间分辨率、光谱分辨率、时间分辨率和辐射分辨率。一般来说，在选择数据源的时候会着重考虑空间分辨率、光谱分辨率和时间分辨率。

1. 空间分辨率

遥感影像的空间分辨率是指遥感影像上能够分辨出的空间最小尺寸。空间分辨率标志着遥感影像记录和提供地物细节信息的能力。对地理变化检测与分析而言，若空间分辨率恰当，所选择的遥感影像数据便能准确、有效地提供相关目标的变化信息，得到正确结果；反之，则会造成识别、解译和检测的结果不满足需求，或工作量大幅增加等后果。实际操作中，应根据检测目标的差异以及检测目的选择具有合适空间分辨率的数据。图 3-16 为武汉大学行政楼在不同空间分辨率的影像上的表现。

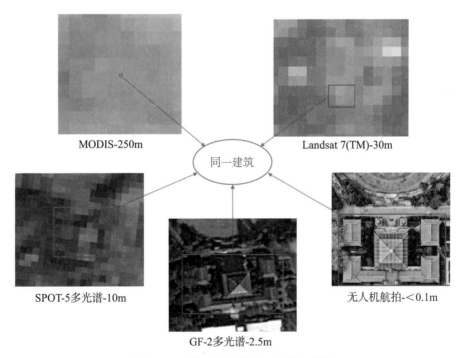

图 3-16 不同空间分辨率下的同名地物

2. 光谱分辨率

遥感影像的光谱分辨率是指遥感传感器记录的电磁反射波谱中，能够分辨出的波长最小宽度。光谱分辨率标志着遥感影像对光谱细节的分辨能力。对遥感成像设备而言，成像的波段范围越宽，则波段数量越少，光谱分辨率越低；波段范围越窄，则波段数量越多，光谱分辨率越高。同样的处理技术下，光谱分辨率越高，分辨地物种类的能力越强。根据地理变化检测与分析的不同需求，以及目标的光谱反射特征，选择相应的传感器进行数据获取，能够大大提升数据处理和变化检测的效率和效果。一般根据光谱分辨率将遥感影像分为如下几类。

1）全色影像

全色影像记录了 $0.47 \sim 0.75 \mu m$ 的可见光波段信息，记录的是灰度信息，没有色彩信息。一般从全色影像的形状、大小、色调、阴影、图案、纹理和位置等方面进行地物识别。全色波段影像的空间分辨率最高，因此在选择遥感影像时，全色波段是必需且必要的。实践中通常将其与多波段影像进行融合处理，得到既有高空间分辨率，又有高光谱分辨率的假彩色影像。

2）多光谱影像

多光谱影像记录了多个谱段的信息，它利用具多个波谱通道的多光谱扫描设备同时记录多个电磁波谱谱段，得到地物在多个谱段上的反射信息。多光谱影像记录的每个谱段宽度通常在波长的 1/10 量级，即几十纳米至几百纳米宽度。多光谱遥感具有幅宽大、光谱分辨率高、运行周期稳定、获取方便、经济等优势，是一种重要的遥感手段。不同波段的多光谱遥感影像具有不同的应用价值。在进行生态环境监测时，应选择近红外等对植被信息敏感的波段数据。多光谱遥感数据的空间分辨率也很重要，应根据调查监测的精度选择相应空间分辨率的多光谱影像。如 NOAA/AVHRR、Landsat MSS 等多光谱影像的空间分辨率大于 70m，适用于较大尺度的区域概略调查与监测；Landsat TM 多光谱影像的空间分辨率为 30m，适用于区域环境详细调查与监测。

3）高光谱影像

高光谱影像是使用成像光谱仪得到的遥感影像，其以连续细分的波谱通道同时记录数十至数百个电磁波谱谱段，得到地物在对应谱段上的反射信息。高光谱影像记录的每个谱段宽度通常在波长的 1/100 量级，即几纳米宽度。高光谱遥感将光谱与图像紧密结合，其影像包含全面的空间、辐射和光谱信息。高光谱遥感数据不仅记录了地物目标的几何影像特征，又详细记录了对应像素的辐射和光谱信息。具有波段众多、数据量大和图谱合一的特点。高光谱影像虽然比多光谱影像具有更丰富和细致的信息，但由于空间分辨率较低、数据量过大，以及波段间冗余过多等缺陷，一般多用于特定领域，如地质、采矿、石油等，在其他行业尚未广泛应用。

3. 时间分辨率

遥感影像的时间分辨率是指同一遥感传感器对同一目标进行多次成像的最小时间间隔，也称为卫星轨道的覆盖周期。时间分辨率对于变化检测非常重要，它是对地物进行信息获取的采样频率，代表了数据获取的时效性，决定了该遥感影像变化检测的能力。一般应根据目标发展变化的速度选择具有相应时间分辨率的遥感数据。常见遥感卫星数据的时间分辨率如表 3-3 所示。

表 3-3　　　　　　　　　　　部分卫星数据的时间分辨率

卫星	时间分辨率/天	卫星	时间分辨率/天
WorldView-2	1.1	HJ-1A/HJ-1B	4
QuickBird	3~5	吉林一号	3.5
IKONOS	1.5~2.9	北京二号	1
ALOS	2	天绘一号	1
SPOT-5	3~5	高分一号（GF-1）	4
IRS-P5	5	高分二号（GF-2）	5
RapidEye	1	Pleiades	1
Landsat 8	16	WorldView-3	1
Terra	16	Radarsat-2	1/14
ZY02C	3	高分三号（GF-3）	1/14
ZY3-01/ZY3-02	5		

3.6.3　时相

不同时间获取的遥感影像记录的地物信息一般也不相同。地物在不同的时间，其几何形态和物理状态会有所不同，相应地，其在遥感影像上的成像特征也不同。即不同时相的遥感影像反映了不同时空的地物状态，这也是遥感变化检测技术的基础。为了更容易和更全面地发现和区分地物变化，变化检测时，需要充分考虑时间因素。即针对不同应用目标，选择特定的时间进行成像。例如，在检测道路、建筑物等目标的变化时，需要在植物落叶的季节成像，否则，生长旺盛期的树木、庄稼等植被的枝叶会遮挡地物，使检测目标边缘不可见，进而造成变化检测失败。反之，在进行生态环境变化检测时，需要在植被生长旺盛且不同植被的叶面覆盖具有显著差异的时间成像。在华北地区，植被变化检测的最佳成像时间是一般在 9 月至 11 月，此时由于生长周期不同，主要植被有的处于落叶期，有的尚未落叶，其光谱特征显著不同，在遥感影像上的区分度较大，是遥感解译和变化检测的最佳时期。而在西南地区，主要植被全年都无集中落叶季节，应该在春季成像，因为此时植被的生长状态区分度最大，遥感影像上区别最明显。不同时相遥感影像融合处理时，由于色彩、灰度值和阴影等影像特征会有区别，若不加以挑选和处理，融合影像的质量会较差，不仅给影像解译带来困难，也会降低变化检测的精度。因此，即便使用先分类、再变化检测的方法，也必须考虑时相的因素，以提高分类精度和变化检测的质量。

3.6.4　数据质量

遥感影像数据质量一般包括含云量、侧视角、影像色彩等。

遥感影像质量受天气状况影响较大，空中云量较多时，在遥感影像中存在云层区域，遮挡地面地物，影响遥感影像质量，不仅降低了使用效率，而且会影响目标识别和分析，削弱影像变化检测能力。很多遥感影像在元数据中都标注了含云量，应用中一般使用含云量在 10% 以下的遥感影像。在变化检测时，还要考虑云层在影像中的位置，是否遮挡了需要检测和分析的目标。例如，若建筑物被云层所覆盖，则对建筑物的变化检测将很难进行；如果这些云层面积虽然大，但只是遮挡了其他地物，没有遮挡建筑物，则并不会影响建筑物的变化检测工作。

一般来说，只有星下点数据才能保证卫星遥感数据所标称的分辨率，实际中很难保证所有数据的侧视角都很小。当侧视角接近卫星传感器的转动上限时，所成影像不仅变形大、纠正误差偏高，而且其清晰度也会受到很大影响。LiDAR 数据也同样存在这样的问题，在扫描线边缘的数据精度也比较低。

遥感数据的质量还会受到光照及地表反射强度的影响。光照的影响会造成图像的颜色发生偏差，地物的色彩区别度变小；边缘信息模糊，降低了几何分辨率；纹理也会被扭曲，不能准确反映真实空间分布状态。最终造成难以准确识别和分析地物目标，变化检测失败。因此评价遥感数据质量时，也应考虑色彩差异。

3.6.5　数据价格

遥感数据价格受多种因素影响。特别是近年来越来越多的商业公司进入本行业后，遥感数据有了更多提供商，不仅各种性能选择范围大，其价格可选择的区间也较大。考虑到作业成本，在满足变化检测精度等需求后，需要重点考虑价格因素。一般而言，存档的历史数据比订购的数据便宜。此外，不同遥感数据的质量和级别不同，其价格也大大不同。卫星遥感数据的价格差别很大，目前，国内的遥感数据价格从免费到 400 元/km^2，甚至更高。选择遥感数据时，需要根据经费、检测精度、项目时间等多方面因素进行综合取舍。表 3-4 列举了部分卫星遥感数据价格。

表 3-4　　　　　　　　　　　　　部分卫星遥感数据价格

数据名称	售价	幅宽/km	单价/（元/km^2）
AVHRR	免费	280	0
MODIS	免费	2330	0
WorldView-2/3 （0.5m 全色+4 多光谱）	220 元/km^2	WorldView-2：16.4 WorldView-3：13.1	220
WorldView-2/3 （0.3m 全色+8 多光谱）	420 元/km^2		420

数据名称	售价	幅宽/km	单价/（元/km²）
QuickBird	195 元/km²	16.5	195
IKONOS	130 元/km²	11.3	130
SPOT-6/7 单片	20 元/km²	60	20
SPOT-6/7 立体像对	36（三线阵 48）元/km²	60	36（三线阵 48）
RapidEye	12 元/km²	77	12
Pleiades 单片	195 元/km²	20	195
Pleiades 立体像对	540 元/km²	20	540
ALOS-2（10m 分辨率）	27500 元/景	70	5.6
SPOT-5	44700 元/景	60	12.4
Landsat TM	3800 元/景	185	0.11
Landsat ETM	5000 元/景	185	0.15
Radarsat-2 标准	16500 元/景	100	1.65
Radarsat-2 超精细	18000 元/景	20	45
高分一号 1 星	1500 元/景	32.5	1.42
高分一号 2、3、4 星	2500 元/景	60	0.7
高分二号（GF-2）	3000 元/景	23.5	5.4
资源三号	3000 元/景	50	1.2

3.6.6 获取难度

不同的遥感影像，其数据获取难易程度不同。低分辨率的遥感数据一般由政府或公益组织定期采集，卫星运行时间较长，存档数据较为丰富，可选择余地较大，容易满足研究的时相需求。高时空分辨率遥感数据一般由商业卫星公司采集，基于成本等因素，通常对重点和热点区域的数据进行了高频率存档保留，对于其他地区，则较少存档，导致这些地区的早期存档数据稀少，甚至缺失。变化检测搜集遥感数据时，需要尽早对有特定区域和时相限制的遥感数据进行查询，以确定是否满足检测要求。对有特定需求的遥感数据，需提前委托商业公司进行编程获取，若编程不成功或由于其他原因仍不能获取，则需要使用航空摄影测量或现场采集等方法。

◎ 思考题

1. 画出遥感变化检测原理框图，并简单解释。
2. 什么是地理信息尺度效应？简述尺度特性。

3. 简述地理变化检测与分析的地理信息基准的主要内容。

4. 简述遥感数据源的主要质量指标。

◎ 本章参考文献

[1] 艾廷华. 地理信息科学中的尺度及其变换 [C] //中国地理学会, 兰州大学, 中国科学院寒区旱区环境与工程研究所, 西北师范大学, 中国科学院地理与资源研究所. 中国地理学会 2006 年学术年会论文摘要集. 2006: 1.

[2] 陈士银. 建立地方独立坐标系的方法 [J]. 测绘通报, 1997 (10): 4-6.

[3] 付志鹏. 基于 WorldView-2 影像的分类及建筑物提取研究 [D]. 杭州: 浙江大学, 2011.

[4] 国家基础地理信息中心. GQJC 01—2017 基础性地理国情检测数据技术规定 [S]. 国家测绘地理信息局, 2017.

[5] 高义, 苏奋振, 周成虎, 等. 基于分形的中国大陆海岸线尺度效应研究 [J]. 地理学报, 2011, 66 (3): 331-339.

[6] 胡明诚, 鲁福. 现代大地测量学 [M]. 北京: 测绘出版社, 1994.

[7] 景奉广. 高分辨率遥感图像土地利用变化检测方法研究 [D]. 西安: 西安科技大学, 2008.

[8] 孔祥元, 郭际明, 刘宗泉. 大地测量学基础 [M]. 武汉: 武汉大学出版社, 2001.

[9] 孔祥元, 郭际明. 控制测量学 [M]. 武汉: 武汉大学出版社, 2006.

[10] 李春华. 成都市似大地水准面精化分析研究 [D]. 成都: 西南交通大学, 2004.

[11] 李德仁, 丁霖, 邵振峰. 关于地理国情监测若干问题的思考 [J]. 武汉大学学报 (信息科学版), 2016, 41 (2): 143-147.

[12] 李婷. 基于 GIS 与 RS 的策勒绿洲土地利用覆盖变化分析及驱动机制研究 [D]. 乌鲁木齐: 新疆农业大学, 2008.

[13] 李小文. 定量遥感的发展与创新 [J]. 河南大学学报 (自然版), 2005 (4): 49-56.

[14] 李选利, 张海永, 田金伟. TM 影像的植被类型信息提取方法研究 [J]. 华北国土资源, 2008 (1): 50-52.

[15] 逢锦娇, 孙睿, 王汶. 高分辨率影像配准误差对土地覆盖分类和变化检测的影响 [J]. 遥感技术与应用, 2014, 29 (3): 498-505.

[16] 李志林. 地理空间数据处理的尺度理论 [J]. 地理信息世界, 2005 (2): 1-5.

[17] 李佐勇. 基于统计和谱图的图像阈值分割方法研究 [D]. 南京: 南京理工大学, 2010.

[18] 毛锋. GIS 中的空间基准问题 [J]. 地理学与国土研究, 2002 (2): 8-10.

[19] 孟庆伟, 罗鹏, 余佳, 等. 遥感技术在湖泊环境研究中的应用 [J]. 地质力学学报, 2006 (3): 287-294.

[20] 沈强. 基于辐射传输模型的遥感影像大气纠正 [D]. 武汉: 武汉大学, 2005.

[21] 孙华, 林辉, 熊育久, 等. SPOT5 影像统计分析及最佳组合波段选择 [J]. 遥感信

息，2006（4）：57-60，88.

［22］佟彪．基于土地利用图斑的遥感影像变化检测与更新［D］.武汉：武汉大学，2005.

［23］万昌君，吴小丹，林兴稳．遥感数据时空尺度对地理要素时空变化分析的影响［J］.遥感学报，2018，23（6）：1064-1077.

［24］王碧辉，吴运超，黄晓春．基于高分辨率遥感影像的城市用地分类研究［J］.遥感信息，2012，27（4）：111-115，122.

［25］王莉莉．基于遥感影像与矢量图的土地利用图斑变化检测方法研究［D］.西安：长安大学，2007.

［26］韦书东．矿区GPS高程测量应用及精度分析［J］.煤炭技术，2008（3）：115-117.

［27］杨振山，蔡建明．空间统计学进展及其在经济地理研究中的应用［J］.地理科学进展，2010，29（6）：757-768.

［28］张婷，栗靖，刘安斐．GNSS在时间同步中的应用［J］.电子世界，2013（21）：118.

［29］祝世平，夏曦，张庆荣．一种基于阈值分割的图像边缘检测方法：CN100512374C［P］.2009.

［30］杨振山，蔡建明．空间统计学进展及其在经济地理研究中的应用［J］.地理科学进展，2010，29（6）：757-768.

［31］祝锦霞.高分辨率遥感影像变化检测的关键技术研究［D］.杭州：浙江大学，2012.

［32］卢军.不同分辨率遥感影像镶嵌和色彩均衡研究［D］.贵阳：贵州师范大学，2008.

［33］Dai X L, Khorram S, et al. The effects of image misregistration on the accuracy of remotely sensed changedetection［J］. IEEE Transactions on Geoscience & Remote Sensing, 1998, 36（5）：1566-1577.

［34］Defries R, Hansen M, Townshend J. Global discrimination of land cover types from metrics derived from AVHRR pathfinder data［J］. Remote Sensing of Environment, 1995, 54（3）：209-222.

［35］Goodchild M F, Quattrochi D A. Scale, multiscaling, remote sensing and GIS［C］// Quattrochi D A, Goodchild MF, eds. Scale in Remote Sensing and GIS Raton. Boca Raton：CRC Lewis Publishers, 1997.

［36］Lam N, Quattrochi D A. On the issues of scale, resolution, and fractral analysis in the mapping sciences［J］. Prof. Geogr. , 1992, 44：88-98.

［37］Vapnik V. Estimation of dependencies based on empirical data［M］. Springer-Verlag, 1982.

［38］Wang H, Ellis E C. Image misregistration error in change measurements［J］. Photogrammetric Engineering & Remote Sensing. 2005, 71（9）：1037-1044.

［39］Li Z, Yan H, Ai T, et al. Automated building generalization based on urban morphology and Gestalt theory［J］. International Journal of Geographical Information Science, 2004, 18（5）：513-534.

第4章　地理变化检测与分析关键技术

4.1　数据源比选

4.1.1　选取原则

地理变化检测与分析的第一步是选取数据源,这是变化检测的基础,也是关键技术之一。早期遥感卫星等遥感设施相对缺乏,数据源有限,变化检测只能依据既有数据进行,有时甚至只能进行定性分析,常常因为没有合适的数据而无法进行定量分析。随着遥感技术的快速发展,遥感数据已经进入大数据时代,不仅种类多、数量多、时序长,而且还出现了数据冗余的情况。面对这种新形势,地理变化检测需要对遥感数据源进行比较,选择与地物目标特征相匹配的数据源,以期得到最好成果,这就是数据源的比较和选择。本节介绍一些数据源比较和选择的基本原则与经验。

(1) 波段选择方面,应该尽量选择同一传感器系统获取的不同时相影像进行变化检测。如果条件所限,这些数据是由不同传感器获取的,在选择波段时需要确保其波段范围相互匹配。例如,SPOT 波段 1 (green),波段 2 (red) 和波段 3 (near-infrared) 可以与 Landsat MSS 的波段 1 (green),波段 2 (red) 和波段 4 (near-infrared) 匹配,用于变化检测。如果不同时相影像的波段不能相互匹配,很多变化检测算法会失效,如 Landsat TM 的波段 1 (blue) 与 SPOT 或者 Landsat MSS 的影像就不适合匹配使用。

(2) 空间分辨率方面,经过多年研究,已有学者给出辨别和分析一些特定目标所需的空间分辨率。如空间分辨率为 2.5m 的 SPOT 影像可以分辨出宽度为 1m 的道路。这些先验知识可以在确定数据源时作为参考。如果不同时相数据的空间分辨率不同,那么变化检测之前必须进行分辨率融合处理,将低分辨率的数据扩展到高空间分辨率。例如,在进行数据融合时,应将低空间分辨率的多光谱数据进行重采样,得到与高空间分辨率的全色波段数据相同的空间分辨率。

(3) 辐射分辨率方面,用于变化检测的遥感图像最好具有同样的辐射分辨率。如果两幅遥感图像的辐射分辨率不同 (如 8bit 的 Landsat TM 与 7bit 的 Landsat MSS),则必须把低辐射分辨率的图像 (Landsat MSS) 扩展至高辐射分辨率的图像 (8bit)。即使进行了辐射分辨率扩展,扩展数据的辐射精度不会超过原始数据。

(4) 时间分辨率方面,应该根据检测目标的生命周期、生长节律等时相变化特点来确定遥感数据的采样频率。例如,有专家认为需要至少 3~4 年的时间间隔,才能精确地检测出土地变化。如果改变时间分辨率,检测效果也会随之变化。

（5）时相方面，应根据检测目标的反射、辐射特性，及其所在环境的背景辐射特性，选择反差最大时的成像，这样可以减少背景噪声的影响，提高目标识别率，进而提高变化检测精度。此外，应尽量选择在不同年份的同一日期（如 2015 年 6 月 30 日和 2020 年 6 月 30 日）获取的多时相影像，这样有助于消除由于太阳高度角、卫星轨道、云层分布等与季节相关的因素所造成的阴影和纹理差异，提高变化检测精度。如果做不到同一天获取，获取日期也应尽量接近。最好使用在一天的同一时刻获取的多时相遥感数据作为变化检测数据源。

（6）数据质量方面，与其他遥感应用一样，应该选择数据质量更好的数据，包括含云量要少、侧视角要小、太阳高度角要高、色彩饱和度要大等。此外，获取难度越低越好，数据价格越便宜越好，最好使用免费下载的数据等。

此外，由于获取航空影像受天气、飞机、航摄仪类型、空域管制等因素影响较大，其获取时间较长、经济成本较高，一般可用作城市级或部件级的变化检测。地理国情监测和自然资源调查与监测优先选择卫星遥感数据。

随着相关理论、算法和硬件性能的进步，综合利用多种精度、角度和种类的遥感及统计数据能够大幅度提升地理变化检测与分析的效率和效果。在选择多源数据时要综合考虑数据获取成本、处理效率等，尽量选择信息差异大的数据，减少使用信息相似的数据。在实际应用中如何基于既有条件和特定需求精确选择多源数据，得到最优变化检测效率和效果，是当前研究的热点和难点。

4.1.2 比选方法

数据源比选，就是按照变化检测对遥感数据源特性的要求，比较能使用的数据，选择最优数据作为数据源，以实现最优的变化检测效率和效果。遥感数据源的质量指标比较多，可以视为一个指标体系。在挑选数据时，应综合计算指标体系的评价值，根据评价值的大小评估数据源的可用性。

1. 比选的基本流程

基本流程是首先根据检测目标的时空特性、周期特性、几何物理特性等，确定各质量指标的权重（包括是否使用该指标），然后进行加权求和。由于各质量指标的计量单位不同，无法直接求和，所以在这个过程中要进行无量纲化。在具体应用中，根据不同应用目的，可以将数据源比选方法分为面向综合应用的比选和面向专题检测的比选，其中，综合比选是在专题比选的基础上进行的。面向专题的数据源比选是指针对某一种具体的地理目标进行的变化检测，如建筑物、植被、水域等。

以针对建筑物变化检测的遥感数据源比选为例，其流程图如图 4-1 所示。

2. 选择质量指标

首先应分析建筑物在影像中的特征，包括灰度特征、纹理特征、时间变化特征、波段特征等，在此基础上确定评价数据源指标体系。本书 3.6 节中介绍了很多数据源特性指标，这些指标分别表征数据源特性的不同方面，综合起来就可以评价数据源的质量。对于

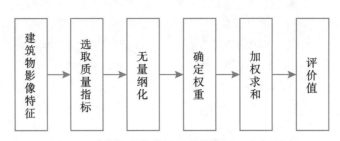

图 4-1　建筑物变化检测遥感数据源比选流程图

面向建筑物的变化检测而言，只需重点关注部分特征指标即可，例如，必须重点关注空间分辨率，因为空间分辨率低的影像上很难准确提取建筑物的轮廓和边缘信息；对波段就没有必要过于强调，因为建筑物在不同波段中的成像差别不大。同理，在对其他专题目标进行变化检测时，也应挑选其主要数据质量指标，可以聚焦分析内容，减少工作量。表 4-1 是一些常见质量选择指标选择参考。

表 4-1　　　　　　　　　　　　常见质量选择指标选择参考

	建筑物	植被	水体	土壤
波段		✓	✓	✓
空间分辨率	✓	✓	✓	✓
时间分辨率		✓	✓	
时相		✓	✓	
含云量	✓			
太阳高度角	✓			
价格	✓	✓	✓	✓

3. 指标无量纲化

选择针对性的质量指标组成评价指标体系后，需要将这些评价指标进行无量纲化。由于各个评价指标有不同物理含义，具有不同物理单位，存在量纲差异，不具可比性，无法直接求和，影响了综合评价。评价指标的无量纲化，也称为数据的规范化，就是通过数学变换，消除这些评价指标的原始量纲，使它们之间具有可比性。

无量纲化的方法有很多，可以根据评价指标的特性来选择合适的方法。在遥感数据源选择中常用标准化和归一化两种方法。

1）标准化

标准化方法是通过对原始数据进行映射变换，使数据满足均值为 0，方差为 1 的分布。该方法隐含了原始数据服从正态分布的假设，经过标准化的方法，原始数据不但消除了量纲，而且更好地保持了样本间距，避免了当样本中有粗差等异常点时，将正常的样本压缩到一起。其公式如下：

$$y_i = \frac{x_i - \mu}{\sigma} \tag{4-1}$$

式中，y_i 为指标评价值；x_i 为指标实际值；μ 为均值；σ 为标准差。

2）归一化

归一化，也称作极差正规化，是将原始数据进行线性变换，映射到 [0，1] 区间内。对评价指标的无量纲化而言，实质是计算指标实际值在该指标区间中所处位置的比率作为指标评价值，以消去量纲。公式如下：

$$y_i = \frac{x_{i-} x_{\min}}{x_{\max} - x_{\min}} \tag{4-2}$$

式中，y_i 为指标评价值；x_i 为指标实际值；$x_{\max}$ 为指标实际值的最大值；$x_{\min}$ 为指标实际值的最小值。

使用归一化的方法，可以得到指标实际值与最优值之间的偏差，从而对其可用性加以评价。例如，可以认为对植被进行变化检测的最佳时相为每年的 8 月，以影像的时相距离 8 月的时间间隔 Δ_i 为判断值，$\Delta_{\max} = 7$，$\Delta_{\min} = 0$，则 $y_i = \frac{\Delta_i}{7}$。由此可以评估遥感数据源的时相是否合适。

4. 确定指标权重

完成无量纲化后，有量纲的指标实际值已经转换为可以比较的指标评价值，可以进行累加求和、综合比较数据源的优劣。由于不同指标代表的特征不同，对变化检测效果的影响程度不同。例如，对建筑物变化检测而言，不同的太阳高度角会带来不同程度的阴影，影响了建筑物判读和比较，是值得关注的指标，但与空间分辨率相比，其影响程度（重要性）就差很多，因此综合评价数据源时，二者影响程度不同，应给予不同权重。在指标体系中对每个指标都应根据其影响程度大小，确定其权重，权重大的评价指标的重要程度大，权重小的评价指标的重要程度小。赋予权重有两种原则：①从所包含信息量的大小出发，评价指标所包含的信息越多，其权重越大；②从评价指标的影响能力出发，评价指标差异对评价对象的影响越大，其权重越大。

确定权重的方法有很多种，可分为主观赋权评价法和客观赋权评价法。

主观赋权法是指基于决策者的先验知识，比较各评价指标，得出其权重的方法。主观赋权法主要有层次分析法和专家调研法。在实际生产中，最常使用的主观赋权法是专家评价法。具体做法是采取专家座谈、调查问卷等方式咨询领域专家，根据变化检测目的，对相关指标给出评分，按照分数的顺序确定指标的权重。一般而言，专家评价法步骤简单，具有较高可靠性，但人为因素较强，需要注意专家的权威性、全面性和客观性。

客观赋权法根据某种数学模型，从数据出发，判断各个指标对变化检测的客观影响来确定其权重，其权重值不依赖于人的主观判断，能够更好地对结果进行解释，更具有客观性。但该方法的有效性依赖于样本的代表性和模型的准确性。常用的客观赋权法有熵权法、变异系数法等。

1) 熵权法赋权

熵权法赋权是根据各指标信息量的大小计算出熵值，再通过熵值计算熵权，最后确定出较为客观的指标权重。根据信息熵原理，信息是一个系统有序性的度量，而熵是系统无序性的度量。对于某项指标，可以用熵值来判断某个指标的离散程度，其信息熵值越小，指标的离散程度越大，该指标对综合评价的影响（即权重）就越大，如果某项指标的值全部相等，则该指标在综合评价中不起作用。

设原始指标数据矩阵为 $\boldsymbol{X} = (x_{ij})_{n \times m}$，表示 n 个样本，每个样本由 m 个指标变量描述。其中，x_{ij} 为第 i 个样本的第 j 个指标值。各指标权重的计算过程如下。

（1）计算第 i 个样本的第 j 个指标在样本中的比重 p_{ij}：

$$p_{ij} = \frac{x_{ij}}{\sum\limits_{i=1}^{n} x_{ij}} \tag{4-3}$$

（2）计算第 j 个指标的熵值 h_j：

$$h_j = -k \sum_{i=1}^{n} p_{ij} \cdot \ln p_{ij} \tag{4-4}$$

其中，$k = \dfrac{1}{\ln n}$。

（3）计算第 j 个指标的熵权 e_j：

$$e_j = \frac{(1 - h_j)}{\sum\limits_{j=1}^{m} (1 - h_j)} \tag{4-5}$$

（4）计算指标的最终权重 w_j：

$$w_j = \frac{e_j}{\sum\limits_{j=1}^{m} e_j} \tag{4-6}$$

2) 变异系数法赋权

变异系数法赋权通过统计学方法计算出各指标的变化程度，再依据变化程度确定出较为客观的指标权重。变异系数法赋权的基本思想是：在多指标综合评价中，如果某项指标的变异程度较大，说明该指标能够更明确地区分开评价对象，则该指标应赋予较大的权重；反之，则应赋予较小的权重。

设原始指标数据矩阵为 $\boldsymbol{X} = (x_{ij})_{n \times m}$，表示 n 个样本，每个样本由 m 个指标变量描述。其中，x_{ij} 为第 i 个样本的第 j 个指标值。各指标权重的计算过程如下：

（1）计算第 j 个指标的均值和标准差：

$$\overline{x_j} = \frac{\sum\limits_{i=1}^{n} x_{ij}}{n} \tag{4-7}$$

$$S_j = \sqrt{\frac{\sum\limits_{i=1}^{n} (x_{ij} - \overline{x_j})^2}{n - 1}} \tag{4-8}$$

（2）计算第 j 个指标的变异系数：

$$v_j = \frac{S_j}{\bar{x}_j} \quad (j = 1, 2, \cdots, m) \tag{4-9}$$

（3）对变异系数进行归一化处理，进而得到各指标的权重：

$$w_j = \frac{v_j}{\sum_{j=1}^{m} v_j} \tag{4-10}$$

赋权的客观方法比较多，对不同的应用场景各具优势，对比各客观方法的优缺点，有如下总结（表4-2）。

表 4-2 客观赋权法对比表（吕洲珩，2020）

方法	原理	优势	劣势
Critic 赋值法	考虑评价指标间的对比强度和冲突性	过程严谨，参考数据多，准确性高	计算复杂
变异系数法	变异系数为一组数据的标准差/平均数，再求得权重	不需要参照数据的平均值，无量纲	精确度不足
熵权法	离散程度越大，提供的信息量越大，权重越大	能确定研究区范围内的差异	缺乏各指标之间的横向比较
信息量法	统计预测方法，计算每种影响因素每个范围的信息量	对单个指标的计算较好	缺乏各指标之间的横向比较
灰色关联法	分析各指标之间关系的密切程度	思路明晰，对数据要求较低	主观性强，最优值难以确定
TOPSIS 法	被评对象距理想解愈近且距负理想解愈远的越优	综合分析评价，有普遍的适用性	有一定主观性
主成分分析法	考虑多个变量间相关性的一种多元统计方法	消除评价指标之间的相关影响	主成分含义不清楚

通过以上几个步骤，确定了指标种类、指标评价值和指标权重，接下来进行加权求和，就能得到某一数据源的综合评价值。对所有待选数据源计算综合评价值之后，就能根据评价值的大小选择最合适的数据源了。

4.1.3 数据源比选案例

肖昶等于 2019 年做了"地理国情监测遥感数据源比选方法研究"，提出一种结合主观专家评价和客观熵值计算的比选方法，归纳数据源的主要质量因子，构建指标体系，并对各因子赋权计算评价值，实现了对地理国情监测数据源的评价比选。主要流程如图 4-2 所示。

与前述处理不同的是，数据源比选目的是针对所有地物目标，综合选择适合做地理国

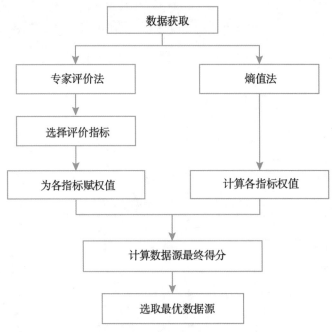

图 4-2　选择数据源流程（肖昶等，2019）

情监测的数据源。因此，首先分别针对建筑物、水体和植被对遥感数据按照前述方法进行评价，再将这三个评价结果进行加权求和，得到该遥感数据源对所有地物目标的可用性评价。这需要对这三个评价结果定权，肖昶等（2019）采取的方法是"根据相关文献统计，武汉市武昌区的各种地类中水体占约 43.43%，植被占约 15.02%，将剩余占 41.55%部分均按照建筑物的评分方法进行评价。"也就是说，根据统计文献中的武汉市武昌区的地物类别的比重来确定相关评价值的权重。

4.2　尺度选择

4.2.1　地理信息尺度选择

1. 最优尺度

如前所述，由于存在尺度效应，采用同样的遥感处理模型或方法处理同一区域内的不同尺度数据，会得到不同的处理结果。因此，必须充分掌握和了解目标的本征尺度，才能选择正确的应用尺度，得到正确的结论。同理，在地理变化检测与分析中，应该针对应用目的和检测对象的时空特性，选择合适的尺度，以最大限度地反映目标地物的时空分布和变化特征，提高变化检测精度，降低数据和方法选择的盲目性。这个过程称为最优尺度选择，这个合适的尺度，就是最优尺度。最优尺度是地物本征尺度、用户目标以及数据自身的观测尺度共同作用的结果。对遥感影像分析而言，最优尺度是指保证影像空间结构信息质量的最大空间分辨率，即包含检测和分析所需要的信息且数据量最小的空间分辨率。

选择最优尺度应遵循如下基本原则：①科学性原则。在选择过程中，科学性是基本原则。地理变化检测与分析的目标是对地理环境中的同一地理目标的观测值进行解析，其基础是数据能够反映地理目标的时空分布及变化特征。首先应该根据尺度一致性的要求，选择与地理目标本征尺度相一致的观测尺度，这样尺度下的观测数据才能正确反映地理目标的时空分布及变化特征。如果观测尺度与本征尺度不一致，由于尺度效应的影响，检测结果可能会出现错误。②综合性原则。在选择过程中，可能会有多个数据源，这些数据源的观测尺度会不尽相同，但都基本适应地理目标的本征尺度。应综合考虑，谨慎取舍，选择使所有的遥感数据源损失最小的尺度，确保所有使用的数据源不会因为尺度转换造成过大精度损失。③经济性原则。在满足前两个基本原则的前提下，应尽可能减少数据处理和尺度转换的工作量，最大限度地减少成本。例如，应精确选择分辨率，在保证足够的空间分辨率的前提下，避免因过度采样带来的经济和时间成本浪费。

对于地理变化检测与分析而言，尺度最优的标志是在该尺度上，数据能够清楚地表达地物特性、地物之间的组合规律以及变化过程和内容。因此，最优尺度是使地理变化检测与分析的过程和成果达到最优的尺度。根据尺度不变性原理，在一定的尺度范围内，地理信息所表征的内容、形态、特征和规律相对稳定，最优尺度也是如此，其并不是一个绝对的数值，而是一个数值范围。

选择最优尺度有两个前提，一是要熟悉和掌握影像中的空间结构信息与空间分辨率之间的对应关系，了解遥感影像信息是如何随着影像空间分辨率的变化而变化的。二是要根据研究对象（现象）的本征尺度来确定遥感影像需要提供的空间结构信息标准。有了这两个前提，就可以选择最优尺度了。

随着遥感信息处理技术的发展，面向对象的多尺度影像分割与分析技术逐渐成熟。最优尺度的概念随之拓展，黄慧萍（2003）将影像分析中的最优尺度分为基于像元的最优尺度和面向对象的最优尺度。在基于像元的影像分析过程中，空间尺度就是影像的空间分辨率，最优尺度是指在保证反映原影像空间结构信息的情况下最大可能的分辨率。在面向对象的影像分析中，不同分割尺度所得到的对象的属性信息各不相同，目标提取和分析可以在不同尺度的影像对象层中进行。此时，最优尺度包含双重含义：一是本征尺度最小的目标能被准确识别时对应的最大影像空间分辨率，这样能保证影像中的所有目标都能被准确识别和分析；二是不同本征尺度的目标各自对应的最优分割尺度，由于多尺度影像分割技术可以将影像分割为多尺度的对象，这些对象是以多边形对象的形式存在的，真实地反映了地物的空间结构。因此面向对象的最优尺度还应该找到针对不同目标的最优分割尺度。

2. 最优尺度选择方法

最优尺度选择主要有目视法和函数法。目视法是指由作业经验丰富的人员，根据先验知识对不同分辨率下的遥感数据进行判读，找到满足分析应用的最大分辨率，即为所求。目视法比较简单，但依赖作业人员的经验，不同作业人员针对同一影像得到的结论可能不同，相同人员在不同时间和目视条件下的结论也有差异，质量不稳定，需要采取质量保证制度和措施。

函数法是指首先根据应用目标及专家知识确定一个最优尺度评价函数，评价函数的值表征了"空间结构信息"，即在某种情况下，评价函数达到极值，代表该尺度下能够清楚表达地物特性、地物之间的组合规律以及变化过程和内容，该尺度即为最优尺度。

函数法可分为两类，一类是以像元为基本分析单元，目标是在某类目标的空间结构信息完好的情况下，找到数据量最小的空间分辨率。基于像元的最佳尺度函数法一般使用不同大小的矩形窗口为单元，以窗口内像元的灰度值代入函数式，计算函数值。窗口大小不同，函数值也发生变化，当函数值达到极值时，对应的窗口尺寸为最优分辨率。通常这一函数值表征当前尺度下像元之间的空间相关性，当相关性最弱的时候，窗口间的像元属于不同类别的概率较大，说明窗口尺度最优。对某一遥感影像，一般其中会有某类地物分布占优，基于像元分析得到的最优尺度只适宜于该类地物，而对于空间属性和分布不同的其他类地物，未必是最优尺度。为了得到不同地物的最优尺度，通常需要使用该类地物占主导分布的影像进行分析。

另一类最优尺度函数选择方法以对象为基本分析单元。一般地，一幅遥感影像中可能会有多类感兴趣目标，选取最优尺度的时候需要使所有类别目标的空间结构信息都能完整表达，这些目标的本征尺度不尽相同，对应的最优尺度也不尽相同，只确定一种最优尺度难以满足多类目标提取和分析的需要。面向对象的最优尺度的选择分为两个步骤：一是得到影像中面积最小目标识别的最大分辨率（使用基于像元的方法），二是得到影像中所有目标的最优分割尺度，一般通过计算对象多边形的同质性或对象多边形之间的异质性来判别是否达到最优分辨率。

3. 基于像元的最优尺度函数选择法

基于像元的最优尺度函数选择方法主要有离散度法、变异函数法和局部方差法等。离散度法构建了离散度指标，实质是计算像元的标准差，当离散度指标最好时，图像灰度级最分散，反差最大，所含信息量最大，为最优尺度。变异函数法是构造一个变异函数，用以表征像元之间的相关性，当其值最大时，认为像元间的相关性最弱，这时的尺度能最好地体现地物的特性，为最优尺度。局部方差法的核心函数是计算窗口内像元的平均局部方差，平均局部方差值最大时，像元之间的相关性最弱，尺度最优。

下面以平均局部方差法为例，说明其计算过程。

平均局部方差法是一种经典的基于像元的遥感影像最优分辨率选取方法，其基本原理为：遥感影像中，同一类别像元的特性相似，具有很强的空间相关性。当空间分辨率高时，像元较小，区域窗口内的像元很可能属于同一类别，空间相关性大，局部区域方差小；当空间分辨率逐渐降低时，基本像元逐渐变大，区域窗口内的像元属于不同类别的概率逐渐变大，空间相关性逐渐减弱，局部方差逐渐变大；当空间分辨率持续降低，像元的空间大小（尺度）与该类别地物的空间大小（尺度）基本一致时，空间相关性最弱，局部方差最大；当空间分辨率继续降低，像元继续变大时，单个像元内部会包含不同地物类别，相邻像元的空间相关性又开始增强，局部方差逐渐减小。由此可见，当局部方差最大时，对应的窗口大小就是表达该类地物最适宜的尺度（最优分辨率）。

平均局部方差法的基本步骤如下。

（1）设置窗口大小，在影像上移动窗口并计算窗口内所有像素值的方差；

（2）完成窗口在整幅影像的移动，计算出所有方差值，求平均；

（3）改变窗口大小，重复步骤（1）、（2）；

（4）以图像的空间分辨率（尺度）为横坐标，平均局部方差为纵坐标，绘制局部方差图；

（5）根据局部方差图曲线的变化情况，找到局部方差最大的点，此时像元之间的相关性最弱，对应的尺度即为最优尺度（图4-3）。

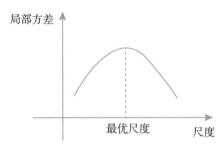

图4-3 平均局部方差法选择最优尺度

使用基于像元的最优尺度选择方法，一幅影像只能得到一个最优尺度（分辨率），对应的是这幅影像中占主导的地物类别的最优尺度；为了得到其他地物的最优尺度，应使用该类地物占主导分布的影像进行计算和选择最优尺度。

4. 面向对象的最优尺度函数选择法

遥感影像分割尺度达到最优时，其主要标准有两点：①对象多边形内部同质性最大；②对象多边形之间异质性最大。有些学者还加入了第三个标准：对象多边形与目标对象的样本一致性最高（胡文亮等，2010；唐羊洋等，2016）。在构造面向对象的最优尺度评价函数时，通常使用这三个指标组合构造。

（1）对象多边形内部同质性，一般使用对象的标准差来表征，标准差越小，表明同质性越好。其计算公式为：

$$\sigma_i = \sqrt{\frac{\sum_{j=1}^{n}(x_j - \bar{x})^2}{n}} \tag{4-11}$$

式中，σ_i 为对象多边形 i 的标准差；n 为该对象多边形中像元的个数；x_j 为第 j 个像元的灰度值；$\bar{x}$ 为该对象多边形中所有像元灰度值的均值。

为了避免小对象引起的不稳定，一些算法引入对象多边形的面积作为权重，得到面积加权标准差：

$$\sigma = \frac{\sum\limits_{i}^{m} a_i \, \sigma_i}{\sum\limits_{i}^{m} a_i} \tag{4-12}$$

式中，σ 为对象多边形 i 的加权标准差；a_i 和 σ_i 分别为对象多边形 i 的面积和标准差；m 为该影像分割后得到的对象多边形个数。

（2）对象多边形之间异质性，可以使用相关指数、均值方差等指标，也有学者使用改进的 Moran's I 指数来表征（胡文亮等，2010），其计算公式如下：

$$I = \frac{\sum\limits_{i=1}^{n} \sum\limits_{j=1}^{n} w_{ij}(y_i - \bar{y})(y_j - \bar{y})}{\left(\sum\limits_{i=1}^{n} (y_i - \bar{y})^2\right)\left(\sum\limits_{i \neq j} \sum w_{ij}\right)} \tag{4-13}$$

式中，w_{ij} 为对象多边形 i 和对象多边形 j 的邻接关系，如果相邻，则 $w_{ij} = 1$，否则 $w_{ij} = 0$；y_i 为对象多边形 i 中所有像元灰度值的均值；$\bar{y}$ 为整幅影像的像元灰度值的均值。I 值越小，则对象多边形之间相关性越小，异质性越大。

（3）对象多边形与目标对象的样本一致性，也有多种衡量指标。胡文亮等（2010）使用面积和周长两个形状特征因子来衡量，唐羊洋等（2016）增加了光谱一致性特征。主要计算方法是分别计算对象多边形和人工选取样本的特征因子，计算其差值和比值，得到一致性参数。

（4）构造面向对象的最优分割尺度评价函数。将上述三个参数求和或加权求和就得到评价函数。对分割后的对象分别计算评价函数，找到函数值最优时对应的尺度，即为该类对象的最优分割尺度。

4.2.2　地理信息尺度转换

1. 定义

获得分析某类地物的最优尺度后，就可以使用具有该尺度的影像进行地理变化检测与分析。在实际应用中，遥感数据源虽多，但并不能保证获得指定尺度（最优尺度）的数据，此时需要进行尺度转换。地理变化检测的对象和过程多种多样，时空特征和分布不同，在对不同对象和过程进行分析时，有时需要有针对性地在不同尺度进行分析，也存在尺度转换问题。目前遥感数据源具有多时间分辨率和多空间分辨率的特点，这也是空间大数据的重要特点，这些不同尺度遥感数据之间的转换也是遥感大数据处理及应用的关键技术。

尺度转换是指把某一尺度上所获得的信息和知识扩展到另一个尺度上的过程。遥感数据的尺度转换是将一幅影像从一个空间尺度转换到另一个空间尺度的过程。根据转换前后尺度的变化情况，一般将尺度转换分为升尺度和降尺度两种。

升尺度是指将小尺度的信息推演到大尺度上的过程，是对客观的认识趋向宏观、整体，也称为尺度扩展或尺度上推。对遥感数据而言，是将小尺度遥感影像转换到大尺度遥感影像的过程，也就是将高分辨率遥感影像降低分辨率转换为低分辨率影像的过程。升尺度是一个信息综合、聚合的过程。

降尺度是指将大尺度的信息内插到小尺度上的过程，是对客观的认识趋向细节、局部，也称为尺度收缩或尺度下推。对遥感数据而言，是将大尺度遥感影像转换到小尺度遥感影像的过程，也就是将低分辨率遥感影像提高分辨率转换为高分辨率影像的过程。降尺度是一个信息离散、解聚的过程。

尺度转换的关键是在准确掌握最优尺度的基础上，了解不同尺度之间在概念和数量上发生联系的方式和程度，以及转换过程中的不确定因素、转换结果的质量等。

2. 方法

遥感数据升尺度的转换方法通常可以分为基于统计和基于机理两大类。基于统计的转换方法是从遥感数据本身出发，以统计学作为理论基础，不需要对遥感信息的物理机理有明确了解。例如简单聚合法，将小尺度影像的相邻区域像元合并，亮度值取均值，直接得到大尺度影像的像元信息。这类方法容易实现，但没有明确的物理机理，大多是经验模型。

基于机理的方法是在掌握成像机理的情况下，将小尺度影像转换为大尺度影像。这种方法认为各个小尺度像元在聚合时，对大尺度像元的贡献应该是不一样的，不能简单地取均值，应该按照成像机理和地物特点，采用加权平均的方法，这样才能得到更真实的大尺度影像。基于机理的尺度转换方法物理意义明确，尺度转换精度较高。但需要在完整和准确掌握地物特点、成像过程以及大气传输特性等基础上才能实现，由于成像环境和过程的复杂性，其物理过程机理并不十分明确，这种情况下得到的转换成果有时误差更大。

遥感数据降尺度的转换方法可分为基于空间域和基于变换域两大类。基于空间域的转换方法是对影像像素灰度值进行内插处理，将大尺度影像转换为小尺度影像，常用方法有中值采样法、最邻近插值法、双线性插值法等。这类算法易于实现，简单快速，是比较常用的方法，像素精度与内插算法密切相关。还有的方法是先经过小波变换、傅里叶变换等将遥感影像数据从空间域映射到其他特征域，在特征域进行尺度转换，完成后再进行逆变换，得到降尺度的遥感影像。

3. 结果评价

信息在不同尺度之间转换后，必然会导致不同程度的信息损失，例如面积增减、形状变形、色彩偏差、纹理错位、种类变化等。在尺度转换时，必需根据应用目标，确定能够承担的信息损失的种类、程度等。尺度转换的重要环节是对尺度转换的质量进行评价，也就是对转换过程中地理信息的损失种类、程度等进行评价。

评价方法有主观评价和客观评价等不同的方法。主观评价主要是靠目视解译和判断，由有经验的作业人员目视观察转换前后的影像，看相关质量的变化情况，尤其是观察转换后的影像是否满足检测和分析需求。

客观评价方法是通过计算一些指标来判断转换前后信息的变化情况。这些指标有均值、标准差、信息熵、方差、清晰度等，有学者建议使用转换前后影像之间的空间自相关系数来进行评价（张雪艳等，2009；岳文泽等，2005；毕如田等，2012；Fu et al.，2011；Diniz et al.，2003）。表 4-3 为一些空间尺度转换成果质量评价的准则和指标。

表 4-3　　　　空间尺度转换成果质量评价准则和指标（徐芝英等，2012）

准则	指标	描述
构成信息守恒	1. 全局或区域构成类型的数量； 2. 类型消失时的尺度	保持空间构成要素类型的数目不变，从而保证空间构成的完整性
面积信息守恒	1. 单一要素类型总面积绝对值/相对值 2. 全体要素总面积绝对值/相对值，斑块数目 3. 平均斑块面积	保持各地理要素的面积不变，以及保持各地理要素面积比例不变，从而保证各地理要素的面积均衡
区域空间格局与形态信息守恒	1. 形状指数、面积指数 2. 均匀度指数、多样性指数、信息熵 3. 分维数 D 4. 方差分析 5. Moran's I 系数 6. Geary's C 系数 7. 半变异函数法 8. 小波分析方法	保持区域各要素的形态、维数、结构组成等信息，从而保证地理要素的空间分布格局和分布规律，可以通过景观格局指数、地统计方法以及其他方法来评判

4.2.3　基于多尺度分析技术的变化检测

随着相关技术的发展，多尺度的海量遥感数据应用技术不断发展，基于多尺度分析的变化检测方法也逐渐出现并不断完善。多尺度分析技术，包括多尺度数据的管理、可视化以及综合分析技术。其中，多尺度遥感数据的管理技术有助于对海量多尺度数据进行高效存储和快速检索；多尺度的可视化技术对基于视觉对比分析的变化检测工作具有支撑作用，可以提高人工检测的效率和质量；多尺度的综合分析技术使用不同尺度下检测对象的时空特征进行对比，提高了检测精度，还能更全面和精确地对变化结果进行解释分析。

陆苗等（2015）提出了"利用多尺度几何特征向量的变化检测方法"，实现了基于多尺度遥感信息的变化检测。该算法的基本原理是对各对象在多尺度影像中的几何特征向量进行比较，根据特征向量的变化强度来检测变化（图 4-4）。

该方法的基本操作步骤如下。

（1）按照等差数列规则确定多尺度的数量与数值，基于此进行多尺度影像分割。

（2）从每一尺度分割对象中搜索包含当前像素位置的对象，构成多尺度关联对象，计算这些对象的面积、周长和形状指数，构建该像素的多尺度几何特征向量。

（3）计算不同时相几何特征向量的相关系数，以此表征不同时相多尺度几何特征向量的变化强度。

（4）设计阈值。使用统计方法来设定变化阈值，设为变化强度影像的平均值加上 1.5

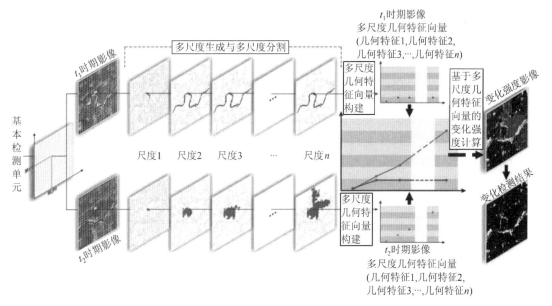

图 4-4 基于多尺度几何特征向量的变化检测原理（陆苗等，2015）

倍标准差。

（5）变化检测。变化强度大于阈值的是变化区域，小于阈值的是未变区域。

4.3 统一基准

统一基准是广义上的配准，目的是使变换检测的数据源的基准一致，具有可比性，以方便进行后续的比较分析。没有统一基准的数据之间的比较是没有意义的，不可能得到可靠和可信的结果。统一基准包括时间基准、空间基准、地理单元基准、地学编码基准、尺度基准和精度基准等的统一。由于时空特征不同，对变化检测的影响不同，这些统一基准的要求和方法不尽相同。

4.3.1 统一时空基准

1. 统一时间基准

如前所述，时间基准需要统一，通常由项目顶层设计专家根据项目目标和数据源的情况综合考虑，规定时间基准，确定起算时刻或时间段。再根据数据的时空特点和检测对象的时间变化特点，确定不同时相数据统一时间基准的技术方法。基本原则如下：

（1）与时间基准间隔短的数据，一般地理变化不大，对本底信息质量影响较小，可以不做时间基准转换，直接使用；

（2）与时间基准间隔较大，或者对时间因素敏感的数据，需要设计时间预测模型推算起算时刻的地表状态及其对应的遥感影像，统一数据的时间基准。

常用的方法有最简单的内插方法及回归分析法等，也可以使用比较复杂的时间预测模型，如时间序列分析、支持向量机、人工神经网络和深度学习等。

地理国情普查对时间基准做了明确规定。为了确保普查范围内采集的地理国情普查内容的时间一致性，符合普查时点要求，结合地理国情普查不同内容的特点和我国自然及人文要素地域特征，普查中应遵循以下总体要求：

（1）对于植被类普查内容，宜收集利用 4 月至 9 月遥感影像作为基本数据源；

（2）对于和水相关的普查内容，宜收集利用丰水期的遥感影像作为基本数据源；

（3）对于人工建造的覆盖和要素内容，应按照普查时点当月数据为准，结合遥感影像采集相关信息；

（4）难以达到上述要求的，可收集利用离普查时点较近、较低分辨率的遥感影像进行更新和时点统一，必要时须结合外业调查；

（5）对地理单元等要素内容，以收集利用现势性较好的权威资料为主，并充分收集最接近时点的有关动态信息，对重大变化应进行时点统一。

2. 统一空间基准

对于经过标准化生产得到的遥感数据而言，空间基准在生产的过程中就已经确定。在具体使用时，如果与规定的空间基准不同，就需要进行空间基准转换。数据源的复杂和测量的不确定性使统一空间基准最为复杂，也是变化检测研究和处理的重点。空间坐标转换是空间信息领域的基本技术，十分成熟，目前已经能在保证极高精度的情况下快速完成。

坐标转换有三个关键要素：转换模型，重合点（控制点），转换参数。首先，根据转换前后的坐标系统和转换精度要求，确定转换模型，三维大地坐标之间的转换通常使用布尔莎七参数模型；如果是二维平面直角坐标系统之间的转换，一般使用布尔莎四参数模型；接下来，找到重合点，就是找到一个点在转换前后的坐标系的两套坐标，7 参数模型至少需要 3 个重合点，4 参数模型需要 2 个重合点；然后，将重合点坐标代入模型中，通过待定系数法，确定模型中的系数，也就是转换参数；最后将需转换的数据代入模型，完成转换。通过坐标转换，可以统一空间基准。

地理国情监测数据的平面基准为：采用 2000 国家大地坐标系地理坐标，经纬度值以"度（°）"为单位，用双精度浮点数表示，保留 9 位小数（0.000000001°），平面基准主要参数如表 4-4 所示。

表 4-4　　　　　　　　　　　　　平面基准主要参数

序号	参数名称	参数值	说明
1	Geographic Coordinate System	GCS_China_Geodetic_ Coordinate_System_2000	地理坐标系名称
2	Datum	D_China_2000	大地基准名称
3	Spheroid	CGCS2000	椭球体名称

续表

序号	参数名称	参数值	说明
4	Semimajor Axis	6378137.0	长半轴
5	Inverse Flattening	298.257222101	扁率倒数
6	Angular Unit	Degree（0.0174532925199433）	角度单位
7	Prime Meridian	Greenwich（0.0）	本初子午线

高程基准为：1985 国家高程基准，高程系统为正常高；高程坐标单位为"米（m）"，保留两位小数（0.01m）。

4.3.2 统一地理单元及地学编码基准

1. 统一地理单元基准

不同行业和应用对地理单元的定义与划分不同。在地理国情普查的文件中，地理单元定义为按照规划、管理、识别或利用的需求，按一定尺度和性质将多种地理要素组合在一起而形成的空间单位。在对同一区域进行地理变化检测与分析时，由于不同的单元划分会造成分析结果不一致，在处理和分析之前，也必须统一地理单元。在针对主体功能区、流域等空间的变化检测中，需要在对应地理单元一致的前提下才能进行比较。

地理国情普查中，将地理单元定为一级类，包含行政区划单元、社会经济区域单元、自然地理单元、城镇综合功能单元 4 个二级类和 30 个三级类别。

2. 统一地学编码基准

统一地学编码基准包含两部分内容：①统一分类、分级体系；②统一编码表示方法。不同应用有不同要求。

即使研究对象为同一地理现象，由于研究目的不同，有时也应该采用不同的分类体系。数据的种类和特点不同，对地理对象的描述能力和重点也不同，其分类、分级的依据和详细程度也不尽相同。主要有：①同一概念在不同数据中的术语不同；②同一术语在不同数据中的概念、范围等不同。例如，同为"省"这一术语，日本的"省"是行政机构，对应中国的"部"，中国和越南的"省"虽同为行政区域划分，但其面积和人口等体量相差甚远（表4-5）。

表 4-5　　　　　　　　　中国的省与越南的省对比

国家	名称	人口	面积/km²
中国	河南省	9559.13 万	167000
越南	河南省	800400	849

在国家测绘地理信息局 2013 年颁布的《地理国情普查内容与指标》（GDPJ 01—2013）中给出详细和明确的规定：以基础地理信息现有分类体系为基础，参考相关专业部门开展的普查（调查、监测）内容分类，根据地理国情的分析和应用需求，进行适当筛选和扩充，选择和扩充必要的属性项，并规定统一的、定量化的采集指标，以保证信息采集的完整性和一致性。各地理要素类型属性的取值应遵循相关领域的现行国家标准或行业标准。

2020 年，国家自然资源部将地理国情普查内容分为 12 个一级类，58 个二级类，133 个三级类。其中，一级类名称、代码和定义见表 4-6。

表 4-6　　　　　　　　　　**地理国情普查内容分类总表（自然资源部，2020）**

代码	一级类	定义	二级类数量	三级类数量
0100	耕地	指经过开垦种植农作物并经常耕耘管理的土地。包括熟耕地、新开发整理荒地、以农为主的草田轮作地；以种植农作物为主，间有零星果树、桑树或其他树木的土地（林木覆盖度一般在 50% 以下）；专业性园地或者其他非耕地中临时种农作物的土地不作为耕地	2	2
0200	园地	指连片人工种植、多年生木本和草本作物，集约经营的，以采集果实、叶、根、茎等为主，作物覆盖度一般大于 50% 的土地。包括各种乔灌木、热带作物以及果树苗圃等用地	7	9
0300	林地	指成片的天然林、次生林和人工林覆盖的地表。包括乔木、灌木、竹类等多种类型	8	12
0400	草地	以草本植物为主、连片覆盖的地表。包括草被覆盖度在 10% 以上的各类草地，含以牧为主的灌丛草地和林木覆盖度在 10% 以下的疏林草地	2	8
0500	房屋建筑（区）	包括房屋建筑区和独立房屋建筑。房屋建筑区是指城镇和乡村集中居住区域内，被连片房屋建筑遮盖的地表区域。具体指被外部道路、河流、山川及大片树林、草地、耕地等形成的自然分界线分割而成的区块内部，由高度相近、结构类似、排布规律、建筑密度相近的成片房屋建筑的外廊线围合而成的区域。独立房屋建筑包括城镇地区规模较大的单体建筑和分散的居民点、规模较小的散落房屋建筑	5	10
0600	道路	从地表覆盖角度，包括有轨和无轨的道路路面覆盖的地表。 从地理要素实体角度，包括铁路、公路、城市道路及乡村道路	4	4

续表

代码	一级类	定义	二级类数量	三级类数量
0700	构筑物	为某种使用目的而建造的、人们一般不直接在其内部进行生产和生活活动的工程实体或附属建筑设施（GB/T 50504—2009）。其中的道路单独列出	9	28
0800	人工堆掘地	被人类活动形成的弃置物长期覆盖或经人工开掘、正在进行大规模土木工程而出露的地表	4	14
0900	荒漠与裸露地表	指植被覆盖度低于10%的各类自然裸露的地表。不包含人工堆掘、夯筑、碾（踩）压形成的裸露地表或硬化地表	5	5
1000	水域	从地表覆盖角度，是指被液态和固态水覆盖的地表。从地理要素实体角度，本类型是指水体较长时期内消长和存在的空间范围	5	8
1100	地理单元	按照规划、管理、识别或利用的需求，按一定尺度和性质将多种地理要素组合在一起而形成的空间单位	4	30
1200	地形	反映地表空间实体高低起伏形态信息	3	3
总计	12类		58类	133类

自然资源部于2020年颁布的《国土空间调查、规划、用途管制用地用海分类指南》中采用了三级分类体系，设置了24种一级类、106种二级类及39种三级类。

在地理国情普查数据中，一级类"园地"下面有"果园""茶园""桑园""橡胶园""苗圃""花圃""其他园地"共7个二级类；在用地用海分类中，一级类"园地"下面有"果园""茶园""橡胶园""其他园地"共4个二级类。由此可见，即使针对同样的对象，在地理国情监测和用地用海的分类中也不尽相同，在应用数据时需要统一。

4.3.3 统一尺度及精度基准

1. 统一尺度基准

地理变化检测与分析可以使用多种数据源，这些数据源具有不同的时间、空间和语义尺度，在进行比较的时候，需要进行尺度转换，统一到最优尺度，才能处理和检测。

对于时间尺度，可以按照本书4.1.1小节中规定的原则和要求统一；语义尺度按照4.3.2节中的统一地理单元和地学编码的方法实现。

空间尺度，在地理国情监测中主要是指使用的遥感影像数据的分辨率。《基础性地理国情监测内容与指标》（CH/T 9029—2019）指出，对于面状地物，采用的基本最小图斑为20×20像素；对于线性地物，采用的最窄图上宽度为3个像素。在此基础上，根据不同类别的地域分布特征，对特定区域的采集指标进行规定。参照地面分辨率1m的影像确定基本最小图斑对应的地面实地面积、最窄图上宽度对应的地面实地宽度，在此基础上，结合类别自身特征以及在大面积林区、草原、荒漠、乡村等特定区域的分布特征，确定各类别采集指标。监测工作中，如果采用的遥感影像分辨率不同，宜参照最小图斑的像素大小确定具体的采集指标。对于空间尺度基准不一致的数据应按照3.2节中的原理和方法进行尺度转换。

2. 统一精度基准

在地理变化检测与分析中，有两种方式统一精度。一种方法是根据应用目的确定一个最合适的精度作为基准，将所有相关的数据精度都向其靠拢，所选数据的精度至少与其相当，以保证对运算结果的影响不会导致变化检测结果改变；另一种方式是以现有的底图或者起算数据的精度为基准选择数据源，进行检测，得到变化检测结果，再进行应用。

在2017年颁布的《基础性地理国情监测数据技术规定》（GQJC 01—2017）规定的精度要求中，包含了数据采集平面精度要求、拓扑要求、地表覆盖分类精度要求、地理国情要素属性精度要求等内容。

4.3.4 影像配准

经过统一空间基准之后，多源数据中同一地物对应的信息已经一一对应，即同名点之间完成了匹配。但在很多研究及应用中，数据源的坐标系统不准确或不能确定，无法将坐标统一转换到具有实际意义的坐标系统中。通常的方法是直接将数据相互配准，统一空间基准。这一步骤也称作影像配准。

影像配准是将不同时相或不同传感器获取的遥感影像进行匹配、叠加，以使图像上的同名点一一对应的过程。影像配准的实质是在不同遥感影像之间进行几何校正，建立起几何对应关系，以实现比较和分析。影像配准多用于遥感影像的融合、镶嵌、目标识别、地物分类、时序分析、变化检测等应用。

在地理变化检测与分析中，影像配准是重要环节和关键技术，子像素级别的配准误差也会显著影响变化检测效果，只有高精度、高可信和高效率的配准算法才能实现业务化的地理变化检测与分析，满足地理国情监测和自然资源调查监测的需要。

在实践中，可以根据影像源的不同将遥感影像配准分为以下四类。

（1）不同影像主点数据的配准。主要指序列影像的配准，这些影像是同一传感器在连续运动中对大场景进行连续拍摄而得到的。其目的是对有重叠区域的多幅遥感影像进行拼接，以获得大范围场景的影像信息。例如，航空摄影测量中通过影像镶嵌作业，生产正射影像。

（2）不同时相数据的配准。主要指不同时相影像的配准，这些影像是在不同时间获取的同一测区的遥感数据。其目的是对目标区域在数据获取间隔时间段内的变化进行监测和分析。例如，对地表覆盖和土地利用变化进行监测，对城市发展状态进行监测等。

（3）不同传感器数据的配准。主要指不同传感器获取的遥感影像的配准，这些影像是使用不同传感器获取的同一场景的遥感数据。其目的是将不同传感器获取的遥感数据进行融合，以得到目标的不同视角、性质、参数和特点的信息。例如，全色影像和多光谱影像的配准融合、SAR影像与光学影像的配准融合等。

（4）矢量与栅格数据的配准。主要指不同类型数据的配准，这些数据都是对同一场景的空间描述，但是性质不同，有的是矢量形式，有的是栅格形式，将其进行配准和融合，能够更好地利用既有基础地理信息成果，也能掌握目标的最新空间信息。例如，遥感影像和线划图的配准融合，遥感影像与三维模型数据的配准融合等。

1. 原理及步骤

1）原理

影像配准可以理解为参考影像和待配准影像之间的空间几何变换。基本步骤是将待配准影像中各像素的坐标 (X, Y) 映射到参考影像坐标系的对应坐标 (X', Y') 上，再进行重采样，确定其像素灰度值。定义参考影像和待配准影像为两个二维阵列 I_1 和 I_2，$I_1(X_1, Y_1)$ 和 $I_2(X_2, Y_2)$ 为灰度值矩阵，则两幅影像间的映射关系为

$$I_2(X_2, Y_2) = g\{I_1[f(X_1, Y_1)]\} \tag{4-14}$$

式中，$f(X, Y)$ 是参考影像坐标系和待配准影像坐标系之间的变换函数。

$$f(x, y) = (x', y') \tag{4-15}$$

$g(x)$ 是灰度变换函数，将待配准影像的各像素值转换为新的像素值。

影像配准就是要确定函数 $f(x, y)$ 和 $g(x)$，从而获得两幅影像间的坐标变换参数和灰度映射参数。配准操作的关键是确定几何变换函数 $f(x, y)$。

2）一般步骤

经过多年发展，遥感影像配准的基本流程已经比较固定，其主要步骤如图 4-5 所示。

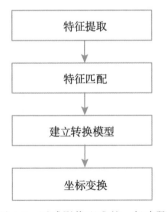

图 4-5 遥感影像配准的一般步骤

特征提取是影像配准的第一步，其目的是在影像中找到未发生变化的同名特征，作为不变信息。常用特征包括基于区域的特征和基于灰度的特征等。配准使用的特征主要有直线交点、角点、拐点、地物边缘、道路、等值线、屋顶面、面状地物等。这些特征应该具有如下特点：不随时相变化；均匀分布于整幅影像；在多时相影像中有足够的数量。

特征提取算法必须最大程度地不受遥感影像质量和种类等因素的影响，其精度决定影像配准的精度，其敏感度也会影响配准算法的精度和效率。常用的点特征提取算子有

Moravec 算子、Harris 算子、SUSAN 算法和 SIFT 算法等；常见的线特征提取算子有 Canny 算子、LOG 算子等。

提取出同名特征后就可以进行特征匹配。特征匹配是使这些同名特征在空间上一一对应的过程，其方法是对多时相影像上提取出的同名特征进行相似性度量计算，相似性度量通过度量函数来表征，当函数值达到极值时，认为相似性最大，完成配准。特征匹配的关键是构建度量函数，目前常用的构建方法有基于灰度、基于变换域和互信息的方法等。特征匹配算法需要具有稳健性和有效性。一方面，能够在噪声、形变和相似特征的干扰下准确找到同名特征元素；另一方面，同名元素的配准结果需要有足够的精度。

建立转换模型是确定多时相影像之间的变换关系函数的类型及参数，变换关系函数表征了多时相影像之间的空间变换关系，包含尺度、旋转、位移等。应根据先验知识来估计多时相影像之间空间变形的类型和程度，确定变换关系函数。

配准操作的首要任务是确定空间变形的类型，通常有平移变换、刚性变换、仿射变换、投影变换、多项式变换、透视变换等（图 4-6）。平移变换是指两幅影像间只存在位移变化；刚性变换则包括旋转变化和位移变化，但是变换前后点与点之间的距离不发生改变；相似变换中增加了尺度变化，在变换中的角度不发生改变，距离虽然发生变化，但变化的比例相同；仿射变换中距离比例和角度都发生了变化，但是直线的平行性不变；透视变换中，上述特性都发生了改变，但是具有保线性，变换前后直线保持不变，但平行线不再平行。

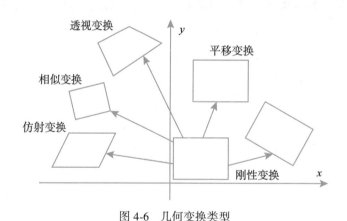

图 4-6　几何变换类型

变换关系函数确定后，变量便已确定，计算这些变量的系数就能完成多时相影像之间的变换。一般使用待定系数法来计算，使用特征匹配步骤中得到的特征作为已知量，代入变换关系函数，得到一组方程式，即可计算出待定系数。

坐标变换是根据确定的转换模型对多时相影像进行空间几何变换，将待配准影像变换至参考影像的坐标系。

在遥感数据融合等处理中，一般还需对待配准影像进行灰度赋值，这是一个灰度映射过程，包括重采样和插值操作。这个步骤中待配准影像像素的灰度值发生了改变，这在变换检测中会造成结果失效，是不可接受的。因此，变化检测的影像配准一般不包含灰度赋值步骤。这种不进行灰度赋值的配准操作在图像超分辨率重建等影像处理中都存在，有些文献称之为影像对齐，以示区别。

2. 一些重要遥感数据的配准

遥感影像配准是影像数据处理与应用的重要内容和关键技术，相关研究和成果较多，目前比较成熟。本节介绍一些比较新颖的遥感数据的配准技术。

1）机载 LiDAR 数据与遥感影像的配准

机载 LiDAR 数据是一种比较新的遥感数据，是直接获取的三维点云数据、高程精度较高，但存在语义信息缺乏、采样随机等不足；光谱影像记录了准确的地物反射特征，纹理信息丰富。对这两种数据源进行配准和融合生成三维彩色影像，得到更全面和可靠的空间信息，有利于变化检测。

机载 LiDAR 设备同时配置有光学 CCD 相机，但由于硬件配置误差，点云与影像数据存在配准误差，需要对影像的外方位元素修正，以实现两种数据源更精确的配准。由于二者空间维度不同，一个是三维信息，另一个是二维信息，在配准的时候，需要进行维度变换，使其处于同一维度，才能进行配准。一般使用共线方程作为配准的变换模型，首先对航空遥感影像进行处理，得到点、线、面等配准特征，再使用点位重合、共线、共面等测度进行匹配，实现 LiDAR 数据与遥感影像的精确配准。机载 LiDAR 数据与遥感影像的配准主要有如下几种方案。

（1）基于像素配准。

这种方案是将三维 LiDAR 点云信息降维成为二维的影像，再使用经典的影像配准方法。具体方法是先将激光点云内插成二维灰度图像（距离图像、深度图像），或者使用 LiDAR 数据中的强度数据成像，然后将灰度图像与数码影像之间进行配准。由于此方法使用了降维及内插等操作，会影响数据的精度；此外，灰度数据与影像数据像素值的物理特性、变化范围、分布模式等都有不同，且不成线性关系，其配准的效果比较差，较少使用。

（2）基于点特征配准。

这种方案是将二维的遥感影像（满足重叠度要求）采用摄影测量的方法匹配得到点云，即将二维影像转换为三维的点云数据，再以两同名点间距离最近为标准计算变换模型，完成配准。通常采用迭代最邻近点配准算法（Iterative Closest Point，ICP），ICP 方法是经典的点集配准方法，有很多变种，其关键在于提高算法的鲁棒性和处理速度。主要步骤如下：

①分别在参考点云和待配准点云中选择同名点集，判断同名点的标准是对应点间的距离最小；

②代入变换关系函数，函数由变换模型确定，当对应的误差函数为极值时，得到变换关系函数中的未知数系数；

③使用变换关系函数处理待配准点云，得到新的待配准点云；

④计算同名点集的平均距离，若小于阈值，则认为已经配准，停止迭代，否则判断迭

代次数，若大于给定次数，则停止迭代，否则返回步骤②，直到满足停止条件。算法示意图如图 4-7 所示。

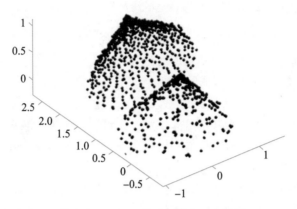

图 4-7 迭代最邻近点配准算法示意图（姚春静，2010）

基于点特征配准的方法中关键是影像匹配，生成点云数据，这要求影像数据质量满足基本质量要求，包括重叠度、旋偏角等，详细要求可参考相关规范。

（3）基于线特征配准。

这种方案与基于点特征配准类似，首先利用航空摄影测量的方法，进行空中三角测量，提取遥感影像上的直线特征，得到其三维坐标。再在 LiDAR 点云数据中找到并提取其对应的同名直线。确定变换模型，根据其对应关系计算转换函数的系数，完成配准。如图 4-8 所示。

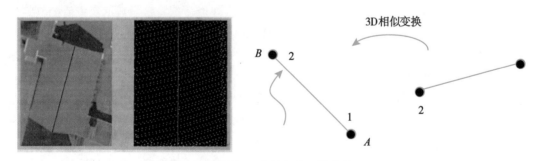

图 4-8 基于线特征配准的方法（姚春静，2010）

此方案同样是将二维的影像数据转换为三维信息，再进行配准，同样需要高质量的影像数据和精确的内外方位元素。

（4）基于面特征配准。

首先，利用航空摄影测量的方法，进行空中三角测量，提取遥感影像上的平面或曲面特征，得到其三维坐标；再在 LiDAR 点云数据中找到并提取其对应的同名平面或曲面；

确定变换模型，根据其对应关系计算转换函数的系数，完成配准。

2）遥感影像与矢量的配准

当前我国很多区域已完成基本比例尺地形图的测图，这些数据大多以矢量的形式存储于时空数据库中。利用现有地图数据和遥感影像进行变化检测，有利于充分发挥现有数据潜力、提高变化检测效率、降低时间和人力物力成本，其前提是实现遥感影像与矢量地图的精确配准。

遥感影像与矢量地图上的同名地物表示方式差异较大，其配准的关键是对应特征的识别和提取。通常分别在遥感影像和矢量地图上提取特征信息（点、线、面等），确定转换模型，将提取结果进行关系匹配，使相似性测度函数达到最优，计算转换函数的系数，完成配准。图 4-9 为遥感影像与矢量地图的配准示例。

（a）矢量地图　　　　　　（b）遥感影像　　　　　　（c）配准后数据

图 4-9　遥感影像与矢量的配准示例

4.4　确定阈值

4.4.1　基本原理

变化检测得到的差异影像上的变化信息可能非常细微，难以目视识别。从差异影像中有效、准确地提取变化信息是地理变化检测与分析的关键步骤，也是技术难点，当前多采用阈值分割法提取变化信息。阈值分割法是一种图像分割技术，针对分割特征设定判别阈值，把图像像素分为不同的类别，多用于区分目标和背景。常用分割特征包括原始图像的灰度值、色彩信息、纹理特征、统计特征以及其他变换特征等。

确定阈值的实质是根据准则函数求出最佳分割特征值，阈值的精确程度决定提取出的变化信息的准确程度。阈值分割方法原理易懂、实现简单、计算量小、性能较稳定，适用于不同质量和分布特征的图像。阈值分割的基本数学原理如下：

设 (x, y) 为图像上点的坐标，$f(x, y)$ 是图像像素的灰度值，t 为分割阈值，则图像的分割结果为

$$g(x, y) = \begin{cases} 1 & f(x, y) \geq t \\ 0 & f(x, y) < t \end{cases} \tag{4-16}$$

4.4.2　常用方法

1. 基于直方图的方法

1）P-Tile 法

Doyle 于 1962 年提出 P-Tile 阈值分割方法（P 分位数法），基于灰度直方图自动确定阈值。该方法基于先验知识，假设已知待分割图像的目标及背景像素的比例，据此确定阈值。具体地，假设影像中仅有背景和目标两类，已知目标像素在整幅图像像素中所占比例为 P%，则计算影像的累计灰度直方图，当图中累计的像素值数量等于或大于 P%时，对应灰度值即为所求阈值。P-Tile 方法原理简单，计算量小，抗噪性能较好。不足之处在于需要先验知识。

2）谷底最小值法

此方法假定待分割图像的灰度分布服从一定的模式，可以针对该分布模式找到特殊点（具有一定的物理意义）作为阈值，实现阈值分割。

例如，假定图像中的目标和背景的灰度值都服从正态分布，在目标和背景内部，相邻像素的灰度值差别较小，但在目标和背景的边界处，像素灰度值差别较大，图像的灰度直方图（图 4-10）表现为两个方差接近但均值距离较远的双峰分布的形态，这时应该选择谷底处对应的灰度值作为阈值，能最佳地把目标和背景分割开。求谷底点可以使用一阶导数为零，即获得局部极小值的方法。很明显，这是一种参数化的方法。

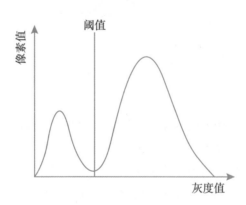

图 4-10　双峰分布的灰度直方图的阈值分割

在真实场景中，图像灰度值分布是离散的，并常有噪声干扰，对应的直方图粗糙、参差不齐，通常不是双峰形状，而是表现为单峰或多峰形状。此时可对直方图进行变换和处理，变换成双峰形状，再使用谷底法寻找阈值。下面以 Lena 图片为例，介绍谷底法。原始图像及其灰度直方图如图 4-11 所示，可以发现其并不是严格的双峰形状直方图，需要对灰度图进行处理，使其呈现双峰形状，进而使用谷底最小值法对图片进行二值化分割。可以采用直方图规定化的方法对其进行处理。

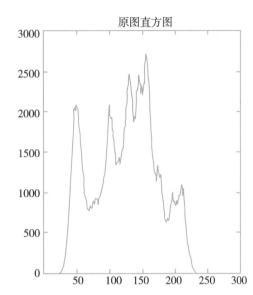

图 4-11 原始图像及灰度直方图

直方图规定化是通过定义并使用一个变换函数，将原始图像的灰度直方图形状改造成规定直方图形状的处理过程。为了使直方图具有双峰形状，定义一个形状上相似的高斯双峰函数，其直方图如图 4-12（a）所示。然后利用直方图规定化的方法，对原图像进行处理，处理后的结果如图 4-12（b）所示。从图中可以看出，直方图的波动剧烈，且灰度值不连续。再采用高斯滤波的方法对直方图进行滤波，得到连续平滑的直方图图像，结果如图 4-13 所示。可以看出，此时的灰度图呈现双峰形态。最后选取谷底最小值处的灰度值作为阈值，完成阈值分割（图 4-14）。

2. 基于统计值的方法

此类方法认为目标与背景属于不同的类别，可以使用遥感影像分类的方法来确定阈值，完成分割。通常对影像像素灰度值进行统计分析来确定阈值，常用方法有最小误差法、最大类间方差法等。

1）最小误差法

最小误差阈值法是由 Kittler 等（1984）基于 Bayes 理论提出的。首先假设图像中仅包含背景和目标两类，且二者灰度值满足高斯分布，则整幅图像的灰度直方图满足混合高斯分布状态。最小误差阈值法认为当分类误差最小时，分割效果最佳。分别计算目标和背景的均值和方差作为参数，设计分类误差目标函数，根据分类误差最小的原则，取目标函数最小时的灰度值为最佳阈值，按照此阈值得到的分割图像效果最佳。其原理示意图如图 4-15 所示。

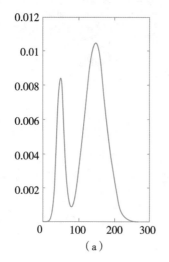
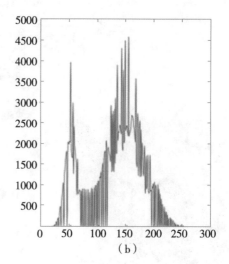

图 4-12　直方图规定化

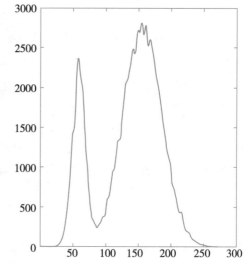

图 4-13　直方图规定化后图像及直方图

2）最大类间方差法

最大类间方差法又称 OTSU 法，是日本学者大津于 1979 年提出的。其基本思想也是认为图像中仅包含背景和目标两类，两类之间的灰度值差别越大，说明分割的结果越好，即两类间方差最大的分割意味着错分概率最小，分割结果最正确。因此，通过计算并迭代调整类间方差，使其最大时，对应的灰度值即为最佳阈值。

OTSU 阈值分割的具体方法如下。

按照灰度级设置初始阈值 T，将差异影像分割成 c_1 和 c_2 两类。c_1 和 c_2 出现的概率分别为 w_1 和 w_2，则 $w_1 + w_2 = 1$。两类像素的灰度均值为 μ_1 和 μ_2，整幅影像的灰度均值为 μ，

图 4-14　谷底最小值法分割结果图

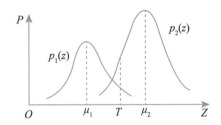

图 4-15　最小误差阈值法原理图（Kittler et al.，1984）

两类像素的方差为 σ_1^2 和 σ_2^2，两类像素的类间方差为 σ^2。计算公式如下：

$$\mu = \mu_1 w_1 + \mu_2 w_2 \tag{4-17}$$
$$\sigma^2 = w_1 (\mu - \mu_1)^2 + w_2 (\mu - \mu_2)^2 \tag{4-18}$$

将式（4-17）代入式（4-18），有

$$\sigma^2 = w_1 w_2 (\mu_1 - \mu_2)^2 \tag{4-19}$$

根据 OTSU 的基本思想可知，当类间方差 σ^2 最大时，对应的阈值为最佳阈值。最大类间方差法效果图如 4-16 所示。

OTSU 法计算简单，不受图像对比度、亮度变化的影响。不足之处在于，该方法属于全局阈值算法，要对所有像素进行方差计算，当图像较大时，运算效率低。当目标与背景的面积相当时，分割效果较好；但当两者面积相差很大时，其灰度直方图只有单峰形态，分割效果较差；此外，当目标与背景的灰度有较大的重叠时，也不能准确地将目标与背景分开。OTSU 算法对噪声也比较敏感。

3. 迭代分割法

迭代分割法又称循环分割法，它基于旧阈值的分割结果，递推计算新的阈值结果，不

图 4-16　最大类间方差法效果图

断迭代趋近最佳值，是一种相对简单的全局阈值分割方法。算法对差异影像像素逐一扫描，将其标记为变化类或未变化类，实现对图像的分割（图 4-17）。在迭代分割法中，阈值的初值需要基于先验知识来确定。算法流程如下。

（1）基于先验知识确定阈值初值 T，一般选取整幅影像灰度值的中值或均值。

（2）使用 T 进行影像分割，将所有像素分为两类。设灰度值小于或等于 T 的像素集合为 I_1，灰度值大于 T 的像素集合为 I_2。

（3）分别计算像素集合 I_1 和 I_2 中像素灰度值的平均值，设为 μ_1 和 μ_2。

（4）由式（4-20）计算新的阈值 T_1：

$$T_1 = \frac{\mu_1 + \mu_2}{2} \tag{4-20}$$

（5）计算 $\Delta T = abs(T - T_1)$。

（6）若 $\Delta T \leqslant 1$ 或迭代次数达到指定次数，以 T_1 为最佳阈值，结束运算；否则 $T = T_1$，重复步骤（2）至（6）。

迭代分割法算法的原理及步骤都相对简单，其稳定性和自动化程度较高。但此方法仅通过是否满足迭代条件式求取阈值，未考虑影像像素的空间分布等信息，当影像中变化区域分布不均匀时，效果也比较差。

4. 其他阈值分割方法

阈值分割的方法多达数百种，此处简要介绍另外几种方法。

1）基于熵的方法

其基本原理来自信息论中的最大熵准则，认为达到最佳分割状态时，二值图像中目标和背景的熵总值最大；或分割前后信息量差异最小时，对应的灰度分割阈值为最佳阈值。此类方法主要有最大熵法、最小交叉熵法、最大粗糙熵法、最小模糊熵法等。

图 4-17　迭代分割法效果图

2）基于特征一致性的方法

其基本出发点是，原图与分割后图像特征一致性应该最大，据此设计相似测度函数，这些用于测度的特征包括特征点、线、面，边缘，纹理以及一些统计特征等。当分割后的图像与原始图像对应的相似测度函数达到极值时，即获得最佳阈值。

3）结合空间信息的方法

空间信息数据中包含了灰度值、几何位置、拓扑关系、高程等信息，基于此可以设计阈值判别函数，既符合现实地理信息的特点，又能提高阈值精确性和解算速度。

由于现实世界及遥感数据的复杂性，很难找到一种具有普适性的阈值确定方法。在实际工作中应该在全面掌握目标区域的地理特点、数据源特性、检测目标等信息的基础上，经过反复实验和检验确定阈值，以达到最佳分割效果。

实际生产中，确定阈值需要机动灵活，因地制宜，依数据定方案。有时需要综合多种既有方法制定生产方案。在针对大面积区域分割时，要采取分区的方法，以缩小数据处理范围，提高参数的针对性。

4.5　评定精度

地理变化检测与分析需要对变化结果进行分析，评定其精度，提供检测成果的质量报告，才能供后续环节使用。

有很多误差都会造成变化检测结果与目标真实变化出现偏差，影响地理变化检测精度。这些误差主要包括数据采集误差，数据模型、格式误差，辐射校正误差，几何校正误差，数据配准误差，变化检测误差，质检实测数据误差，数据类型转换误差以及作业人员操作误差等。相关的误差分析和精度提升办法在遥感数据处理中都有涉及，此处不再赘述。本节主要讨论变化检测结果的评定精度方法。

地理变化检测结果的评定精度属于遥感应用产品的真实性检测范畴，是地理变化检测

95

与分析中必不可少的技术环节。评定变化检测结果的精度，一方面，可以给出检测结果的真实性，确定产品的可信程度，决定其应用范围和价值，没有评定精度的检测结果是没有应用价值的；另一方面，通过评定精度，可以判断变化检测方法的科学性和可靠性，对于提高变化检测技术、改进作业流程具有重要价值。不正确的评定精度方法与不科学的评价指标会带来新的误差，必须加以重视。地理变化检测与分析中的评定精度方法都通过将检测结果与"实测真值"数据进行比较以得到其误差，评定指标大多源自遥感及数据分析领域的经典方法。评定指标主要包括：目标识别的评定指标，影像分类的评定指标，机器学习的评定指标。

4.5.1 基于目标识别的评定指标

此指标用于描述识别目标的准确程度，使用了目标被错误识别的比率以及所有被正确识别目标占比等指标，包括漏检率（Omission）、误检率（Commission）和总体精度（Overall Accuracy）等指标。具体地，设地理变化检测结果如图 4-18 所示，共有 4 种情况：①目标发生变化，检测结果为变化；②目标发生变化，检测结果为未变化；③目标未发生变化，检测结果为变化；④目标未发生变化，检测结果为未变化。其中①和④表示检测结果与实际结果一致，属于正确检测。②表示变化漏检，③表示变化误检。

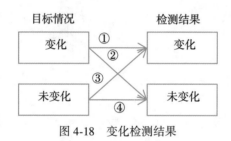

图 4-18 变化检测结果

令 C_1、C_2、C_3、C_4 分别表示①、②、③、④的检测个数，则变化检测的精度指标计算如下。

（1）漏检率（Omission）：

$$P_{\mathrm{O}} = \frac{C_2}{C_1 + C_2} \times 100\% \qquad (4\text{-}21)$$

（2）误检率（Commission）：

$$P_{\mathrm{C}} = \frac{C_3}{C_1 + C_3} \times 100\% \qquad (4\text{-}22)$$

（3）总体精度（Overall Accuracy）：

$$P_{\mathrm{OA}} = \frac{C_1 + C_4}{C_1 + C_2 + C_3 + C_4} \times 100\% \qquad (4\text{-}23)$$

4.5.2 基于目标分类的评定指标

此指标体系源自遥感影像分类的评定精度方法，不仅描述了目标识别的正确程度，还对各类目标中被正确识别的占比进行了统计，通常使用混淆矩阵进行统计评定。混淆矩阵是影像分类变化检测评定精度的主要方法，在评估精度时统计各种类别目标的分类情况，包含正确识别本类别的占比、本类别被错分为其他类别的占比等，其评估方法、内容及指标计算更为复杂。变化检测结果评定精度一般只涉及检测结果的正误，其混淆矩阵统计比较简单。设对某类目标进行变化检测，像元总计个数为 N，在检测结果中检测出的变化像元数量为（$N_{11}+N_{12}$），其中真实发生变化的像元（变化像元）数量为 N_{11}，真实环境中并没有发生变化的像元（非变化像元）数量为 N_{12}；在检测结果中检测出的未发生变化的像元（非变化像元）数量为（$N_{21}+N_{22}$），其中真实发生变化的像元（变化像元）数量为 N_{21}，真实环境中并没有发生变化的像元（非变化像元）数量为 N_{22}，混淆矩阵如表4-7所示。

表 4-7 变化检测混淆矩阵

真值 检测值	变化像元	非变化像元	总计	使用者精度	误检率
变化像元	N_{11}	N_{12}	$N_{11}+N_{12}$	$N_{11}/(N_{11}+N_{12})$	$N_{12}/(N_{11}+N_{12})$
非变化像元	N_{21}	N_{22}	$N_{21}+N_{22}$	$N_{22}/(N_{21}+N_{22})$	$N_{21}/(N_{21}+N_{22})$
总计	$N_{11}+N_{21}$	$N_{12}+N_{22}$	N		
生产者精度	$N_{11}/(N_{11}+N_{21})$	$N_{22}/(N_{12}+N_{22})$			
漏检率	$N_{21}/(N_{11}+N_{21})$	$N_{12}/(N_{12}+N_{22})$			
总体精度 OA = $(N_{11}+N_{22})/N$					
Kappa = $(OA-P_e)/(1-P_e)$； $P_e=[(N_{11}+N_{21})\cdot(N_{11}+N_{12})+(N_{12}+N_{22})\cdot(N_{21}+N_{22})]/N^2$					

其中精度指标计算如下：

（1）生产者精度（Producer's Accuracy）：

$$PA = \frac{N_{11}}{N_{11}+N_{21}} \times 100\%$$ (4-24)

为所有变化像元中被（生产人员）正确识别出来的情况（所占百分比）。

（2）漏检率（Omission）：

$$P_O = \frac{N_{21}}{N_{11}+N_{21}} \times 100\%$$ (4-25)

为所有变化像元中未被正确识别出来的情况，也就是所有变化像元中被识别为未变化像元所占的百分比。

（3）使用者精度（User's Accuracy）：

$$UA = \frac{N_{11}}{N_{11} + N_{12}} \times 100\% \tag{4-26}$$

为判定为变化像元（供后续使用）中，正确像元（检测正确）所占百分比。

（4）误检率（Commission）：

$$P_C = \frac{N_{12}}{N_{11} + N_{12}} \times 100\% \tag{4-27}$$

为判定为变化像元中错误判别的情况，也就是其中包含的未变化像元所占百分比。

（5）总体精度（Overall Accuracy）：

对角线上元素之和与所有元素之和的比值。表示检测正确的样本占总样本数的比率，反映了总体的检测准确程度。

$$OA = \frac{N_{11} + N_{22}}{N} \times 100\% \tag{4-28}$$

（6）Kappa 系数：

$$Kappa = \frac{OA - P_e}{1 - P_e} \tag{4-29}$$

其中，

$$P_e = \frac{1}{N^2}\big[(N_{11} + N_{21}) \cdot (N_{11} + N_{12}) + (N_{12} + N_{22}) \cdot (N_{21} + N_{22}) \big] \tag{4-30}$$

OA 指标虽然能比较全面地评定分类精度，但是当检测中样本分布不平衡时，其值会受到占比大的样本的影响。例如，如果待检测像元数量为 100，其中发生变化像元数量为 5，未发生变化像元数量为 95。检测将全部像元判定为未发生变化，也就是说没有能够发现任何变化，但其 OA 值也有 95%，这个结果完全不能评价检测方法的优劣。

因此，引进 Kappa 系数指标。Kappa 系数是一个用于一致性检验的指标，可以用来判断两种方法得到的结果是否一致，这里用来判断检测结果与真实值是否一致，可以客观地反映检测结果的精度。Kappa 系数值一般为 0~1，值越大，表示变化检测的结果与真实值越趋于一致。当 Kappa 系数值小于 0.4 时，认为结果不一致，变化检测结果不可信；当 Kappa 系数值大于 0.75 时，认为结果比较一致，变化检测结果比较可信。

4.5.3　基于机器学习的评定指标

近年来，随着更多学科交叉、领域融合的深入发展，在遥感科学技术领域越来越多地引入机器学习领域的知识，一些机器学习的评定指标也被越来越多地用于评定遥感分类及地理变化检测的结果。机器学习领域针对不同场景有不同的评价指标，主要有精确率与召回率、ROC 曲线（Receiver Operating Characteristic Curve）、ACU（Area Under Curve）、对数损失、交并比（Intersection of Union，IoU）等。这里简单介绍精确率与召回率指标体系。

对于地理变化检测结果，有如下 4 个定义。

True Positive（TP）：真实发生变化，检测结果为变化。

False Negative（FN）：真实发生变化，检测结果为未变化。

False Positive（FP）：真实未发生变化，检测结果为变化。

True Negative（TN）：真实未发生变化，检测结果为未变化。

则有如下指标，计算公式如下。

精确率（Precision）：

$$P = \frac{TP}{TP + FP} \tag{4-31}$$

召回率（Recall）：

$$R = \frac{TP}{TP + FN} \tag{4-32}$$

准确率（Accuracy）：

$$A = \frac{TP + TN}{TP + FP + FN + TN} \tag{4-33}$$

上述指标同样在样本分布不平衡时存在不能准确评定检测结果优劣的问题。为此，引入综合指标 F-Measure（又称 F-Score）。F-Score 是 Precision 和 Recall 加权调和平均，计算公式为

$$F = \frac{(\alpha^2 + 1)P \cdot R}{\alpha^2(P + R)} \tag{4-34}$$

当参数 $\alpha=1$ 时，就是研究文献中经常使用的 F_1 值。

4.5.4 小结

由上述内容可知，目前评定变化检测结果精度有很多指标体系。这些指标有很多相似之处，很多指标只是名称不同，其实质是一样的。例如，将基于目标识别的评定指标用混淆矩阵表示，可得表4-8。

表4-8 目标识别混淆矩阵

真值 检测值	变化像元	非变化像元	总计	误检率
变化像元	N_{11}①	N_{12}③	$N_{11}+N_{12}$	$N_{12}/(N_{11}+N_{12})$
非变化像元	N_{21}②	N_{22}④	$N_{21}+N_{22}$	$N_{21}/(N_{21}+N_{22})$
总计	$N_{11}+N_{21}$	$N_{12}+N_{22}$	N	
漏检率	$N_{21}/(N_{11}+N_{21})$	$N_{12}/(N_{12}+N_{22})$		

在表4-8所示混淆矩阵中，目标分类方法中的 N_{11}、N_{21}、N_{12}、N_{22} 分别对应目标识别方法中的①、②、③、④，对应的误检率、漏检率、总体精度等指标也都是同样的内容。

将基于机器学习的评定指标用混淆矩阵表示，可得表4-9。

99

表 4-9　　　　　　　　　　　　　　　　机器学习混淆矩阵

真值 检测值	变化像元	非变化像元	总计	精确率（Precision）
变化像元	N_{11}（TP）	N_{12}（FP）	$N_{11}+N_{12}$	$N_{11}/(N_{11}+N_{12})$
非变化像元	N_{21}（FN）	N_{22}（TN）	$N_{21}+N_{22}$	$N_{21}/(N_{21}+N_{22})$
总计	$N_{11}+N_{21}$	$N_{12}+N_{22}$	N	
召回率（Recall）	$N_{11}/(N_{11}+N_{21})$	$N_{12}/(N_{12}+N_{22})$		

表 4-9 所示混淆矩阵中，目标分类方法中的 N_{11}、N_{21}、N_{12}、N_{22} 分别对应目标识别方法中的 TP、FN、FP、TN，精确率对应使用者精度，召回率对应生产者精度，准确率对应总体精度，其内容完全一致。由此可见，这些方法殊途同归，本质是一样的。

总之，目前地理变化检测与分析的评定精度方法多是在构造混淆矩阵的基础上进行的。为了在实践中实现大规模推广和应用，今后还需要建立更加细致和专业的系统指标，例如在不同比例尺和分辨率情况下，变化检测质量该如何评定和表示。此外，不同的评价指标表征了检测精度的不同方面，单一的评价指标难以全面地反映检测精度，在实际工程中需要综合利用多种评价指标来对变化检测结果的精度进行评估。

◎ **思考题**

1. 简要阐述并分析地理变化检测与分析的主要数据源。

2. 什么是尺度转换？为什么要进行尺度转换？

3. 简述统一时间基准的基本原则。在地理国情普查中对统一时间基准的总体要求是什么？

4. 查阅文献，自己设计并实现一种针对 Lena 图片的二值化阈值分割方法。

5. 计算题：对 1000 个像元进行变化检测，在实测真值中有 800 个像元没有发生变化，200 个像元发生变化。经过统计，在没有发生变化的像元中，变化检测结果为：760 个没有发生变化，40 个发生变化。在发生变化的像元中，变化检测结果为：180 个发生变化，20 个没有变化。

请画出混淆矩阵，分别计算：基于目标识别的精度评价指标，基于目标分类的评定指标和基于机器学习的评定指标，并比较其异同。

◎ **本章参考文献**

[1] 北京市规划和国资源管理委员会，北京市质量技术监督局. DB11/T 1443—2017 地理国情信息外业调查与核查技术规程 [S]. 2017.

[2] 曹文静. 非耕地系数及种植成数遥感测量的尺度研究 [D]. 北京：中国科学院遥感应用研究所，2007.

［3］ 程鹏，黄晓霞，李红旮，等．基于主客观分析法的城市生态安全格局空间评价［J］．地球信息科学学报，2017，19（7）：924-933．

［4］ 储莎，陈来．基于变异系数法的安徽省节能减排评价研究［J］．中国人口·资源与环境，2011，21（S1）：512-516．

［5］ 段水强．小尺度径流空间差异性及成因探索——以青海省黄南州为例［J］．水科学进展，2016，27（1）：11-21．

［6］ 郭林，袁占良，许颖．融合机载 LiDAR 和影像的土壤侵蚀监测方法研究［J］．资源导刊，2016（9）：49-51．

［7］ 国家测绘地理信息局．GQJC 01—2017．基础性地理国情监测数据技术规定［S］．2017．

［8］ 国务院第一次全国地理国情普查领导小组办公室．GDPJ 01—2013 地理国情普查内容与指标［S］．2013．

［9］ 国务院第一次全国地理国情普查领导小组办公室．GDPJ 13—2013 地理国情普查过程质量监督抽查规定［S］．2013．

［10］ 胡文亮，赵萍，董张玉．一种改进的遥感影像面向对象最优分割尺度计算模型［J］．地理与地理信息科学，2010，26（6）：15-18．

［11］ 胡云锋，徐芝英，刘越，等．地理空间数据的尺度转换［J］．地球科学进展，2013，28（3）：297-304．

［12］ 黄慧萍．面向对象影像分析中的尺度问题研究［D］．北京：中国科学院遥感应用研究所，2003．

［13］ 黄靖，李俊男，刘丽桑，等．基于形态学重建与 OTSU 的极耳焊缝图像分割方法［J］．福建工程学院学报，2019，17（4）：359-364．

［14］ 黄睦谨．"三旧"改造地块改造效益评价体系研究［J］．测绘与空间地理信息，2017（5）：163-166．

［15］ 吉林省市场监督管理厅．DB22/T 3019—2019 地理国情专题性监测技术规程［S］．2019．

［16］ 姜章泽君．基于熵值赋权与 GIS 的多情景内涝风险评估研究［D］．南昌：南昌大学，2020．

［17］ 刘悦翠，樊良新．林业资源遥感信息的尺度问题研究［J］．西北林学院学报，2004（4）：165-169．

［18］ 陆苗，梅洋，赵勇，等．利用多尺度几何特征向量的变化检测方法［J］．武汉大学学报（信息科学版），2015，40（5）：623-627．

［19］ 秦小文，余红英，温志芳，等．基于 OpenCV 的图像分割［J］．科技信息，2011，000（14）：113．

［20］ 孙波中．多尺度分割技术在高分辨率影像信息提取中的应用研究［D］．西安：西安科技大学，2011．

［21］ 唐羊洋，叶华平．一种改进的面向对象最优分割尺度模型［J］．计算机与数字工程，2016，44（5）：948-955．

[22] 魏立飞, 钟燕飞, 张良培, 等. 遥感影像融合的自适应变化检测 [J]. 遥感学报, 2010, 14 (6): 1196-1211.

[23] 肖昶, 张莉. 地理国情监测遥感数据源比选方法研究 [J]. 测绘通报, 2019 (8): 116-120.

[24] 徐芝英, 胡云锋, 刘越, 等. 空间尺度转换数据精度评价的准则和方法 [J]. 地理科学进展, 2012, 31 (12): 1574-1582.

[25] 颜惠琴, 牛万红, 韩惠丽. 基于主成分分析构建指标权重的客观赋权法 [J]. 济南大学学报 (自然科学版), 2017, 31 (6): 519-523.

[26] 杨旭艳, 王旭红, 胡婷, 等. 典型地物特征提取的适宜尺度选择 [J]. 山地学报, 2012, 30 (5): 607-615.

[27] 姚春静. 机载 LiDAR 点云数据与遥感影像配准的方法研究 [D]. 武汉: 武汉大学, 2010.

[28] 张强. 基于 PCA-AHP 降维组合赋权模型的河流水质综合评价 [D]. 保定: 河北大学, 2020.

[29] 张薇, 黄毓瑜, 栾胜, 等. 基于灰度的二维/三维图像配准方法及其在骨科导航手术中的实现 [J]. 中国医学影像技术, 2007 (7): 1080-1084.

[30] 周忠军, 张尊沛, 张浩, 等. 基于熵权的多目标关联分析及其作物区试综合评估方法与应用 [J]. 中国农学通报, 2009 (21): 145-149.

[31] 朱齐丹, 荆丽秋, 毕荣生, 等. 最小误差阈值分割法的改进算法 [J]. 光电工程, 2010, 37 (7): 107-113.

[32] 中华人民共和国自然资源部. CH/T 9029—2019 基础性地理国情监测内容与指标 [S]. 2019.

[33] Diniz J A, Bini L M, Hawkins B A. Spatial autocorrelation and red herrings in geographical ecology [J]. Global Ecology and Biogeography, 2003, 12 (1): 53-64.

[34] Fu W J, Zhao K L, Zhang C S, et al. Using Moran's I and geostatistics to identify spatial patterns of soil nutrients in two different long-term phosphorus-application plots [J]. Journal of Plant Nutrition and Soil Science, 2011, 174 (5): 785-798.

[35] Kittler J, Illingworth J. Minimum error thresholding [J]. Pattern Recognition, 1986, 19 (1): 41-47.

[36] 毕如田, 高艳. 典型地貌景观指数的多尺度效应分析——以山西省运城市为例 [J]. 地球信息科学学报, 2012, 14 (3): 338-343.

[37] 岳文泽, 徐建华, 徐丽华, 等. 不同尺度下城市景观综合指数的空间变异特征研究 [J]. 应用生态学报, 2005, 16 (11): 2053-2059.

[38] 张雪艳, 胡云锋, 庄大方, 等. 蒙古高原 NDVI 的空间格局及空间分异 [J]. 地理研究, 2009, 28 (1): 10-19.

第 5 章　地理变化检测与分析方法

5.1　地理变化检测与分析方法综述

为了深入理解、研究和设计变化检测方法，首先要对其按照一定的方法和层次分类。地理变化检测与分析的方法有很多，其分类方式也有很多，例如按照配准在处理步骤中的次序，可以分为先配准后检测和边配准边检测；按照处理中是否有人工干预，可以分为监督变化检测算法和无监督变化检测算法；按照是否需要先进行分类，可以分为直接变化检测法和分类后变化检测法；按处理的信息的尺度又可以分为像元级、特征级与决策级的变化检测。此外，有学者按照变化检测所采用的数学方法，将其分为代数运算法、变换法、分类法、高级模型方法、GIS 方法、可视化分析方法和其他方法等多种不同的方法（Lu et al.，2004）。归根结底，对地理变化检测方法分类的目的是按照各处理方法的特点进行归类，便于理解其原理，掌握其特点，并且在具体操作中针对不同情形，选用和设计最合适的方法。

变化检测涉及多种时间、空间、光谱分辨率的遥感影像数据以及基础地理信息数据、地理国情数据、社会统计数据等，处理链条长，环节多，过程复杂，使用单一的分类方法难以准确反映变化检测方法的全貌和细节。根据检测目的、检测数据、检测维数、检测时间尺度、检测内容等，周启鸣（2011）提出变化检测的研究体系如图 5-1 所示。在此基础上对变化检测方法进行了分类（图 5-2）。

2003 年，李德仁院士指出，根据图像配准和变化检测的数据源两个因素可以将变化检测方法分为两大类、七种方法。第一类是先图像配准后变化检测的方法；第二类是图像配准与变化检测同步进行的方法。按照这一标准，再结合变化检测的数据源，对变化检测方法的分类结果如图 5-3 所示。

2018 年，眭海刚等按照变化检测的发展历程，对变化检测方法进行了分类，结果如前文图 1-1 所示。

本书根据变化检测的基本环节，分别按照前端的数据源、中端的处理方法和末端的应用三个不同维度对各种变化检测方法进行分类描述，说明其特点及方法。本章主要从数据源和处理方法上进行分类分析，第 6 章将按照应用分类分析的内容与应用案例的内容结合在一起作介绍。

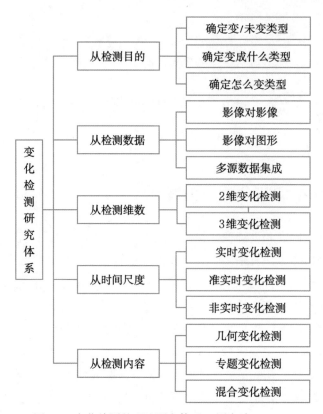

图 5-1　变化检测的理论研究体系（周启鸣，2011）

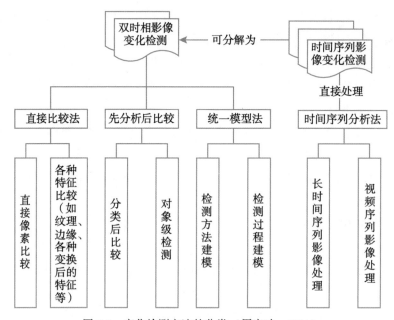

图 5-2　变化检测方法的分类（周启鸣，2011）

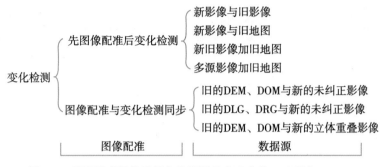

图 5-3   利用遥感图像进行变化检测的方法分类（李德仁，2003）

5.2   按照数据源分类

地理变化检测的数据源有很多种类，按照这些不同种类的数据源，可以将地理变化检测与分析分为不同的方法。

5.2.1   基于遥感影像

基于遥感影像的变化检测，是指参与变化检测的不同时相数据都是遥感影像（数据）。一般直接对影像进行处理、分析和比较，通过影像间的灰度差异提取变化信息。这些遥感影像主要包括：全色影像、多光谱影像、高光谱影像、LiDAR 影像和 SAR 影像等。根据影像的期数可以将遥感变化检测分为双时相影像变化检测和时间序列影像变化检测两类。

1. 双时相影像变化检测

这类方法使用两个时相遥感影像作为数据源，通过比较二者之间的差异进行变化检测（图 5-4）。主要过程为：首先选取同一区域的两个不同时期的遥感影像，将两幅影像进行几何配准和辐射校正等预处理，然后采用合适的变化检测方法提取影像中的变化信息。这是经典的遥感数据处理内容，经过多年发展，双时相影像变化检测方法有很多，如代数运算法、分类比较法、特征分析法、图像变换法等，这些方法各有优缺点和适用范围，将在后续章节中介绍。

2. 时间序列影像变化检测

这类方法使用多个时相的遥感影像作为数据源，使用对同一地区某一时间段内获取的多张不同时相的遥感影像进行检测，得到这段时间内地表的变化信息，可以更好地分析地表随时间变化的规律。这类方法对数据源的获取时长要求较高，相应地，空间分辨率较低，目前大多使用 AVHRR、MODIS 和 Landsat 等数据进行中小尺度大面积区域的变化检测及分析。

105

（a）空袭前影像　　　　　　（b）空袭后影像　　　　　　（c）检测出的损毁建筑

图 5-4　双时相遥感影像变化检测（美国空袭伊拉克费卢杰地区）

时间序列影像变化检测主要有两种方法。

一种是基于经典的双时相影像变化检测方法，将长时间序列影像根据检测目标挑选出合适的影像，两两组合，分解成多个双时相影像进行变化检测，再将检测结果组合，进行综合分析，得到整个时间序列上的地表变化情况。

另一种是将这些影像作为一个整体，设计和使用专门的长时间序列分析方法检测其变化。例如，很多应用通过对各时相影像分类，再比较其变化情况；有些应用从各时相影像中提取统计指标（植被指数、景观指数等），再比较这些指数的变化情况。

张立福等（2021）总结了对遥感时间序列影像整体进行变化检测的方法，将其分为5 类。

（1）基于分类的时间序列变化检测。具体分为两种策略，一是分类后比较法；二是时间序列直接分类法。其流程框图见图 5-5。

（2）阈值法。是针对单一地物目标进行变化检测的常用方法，设置并计算一些指数特征，设定阈值，根据这些指数特征进行时间序列变化检测（图 5-6）。

（3）图像变换法。对时间序列影像进行处理变换，得到特征信息，根据这些图像特征信息进行时间序列变化检测。

（4）基于模型的方法。根据先验知识，设计构建长时间序列的时空变化模型来实现变化检测。

（5）深度学习法。这是目前比较新的方法，在大样本训练的基础上实现自动构建、识别和提取影像的时空特征，基于此进行时间序列变化检测。

由此可以看出，长时间序列影像的变化检测方法的原理基本与双时相变化检测方法相似。

使用长时间序列的 SAR 影像进行沉降监测是一种经典的时间序列影像变化检测方法，其中应用广泛的处理方法是永久散射体法。该方法在长时间序列 SAR 影像中选取散射特性稳定的特征点（如建筑物、硬地面、街道、岩石等）作为永久散射体（Persistent Scatterer，PS）点，认为在整个时间序列中其自身物理特性是不变的。以这些 PS 点上的

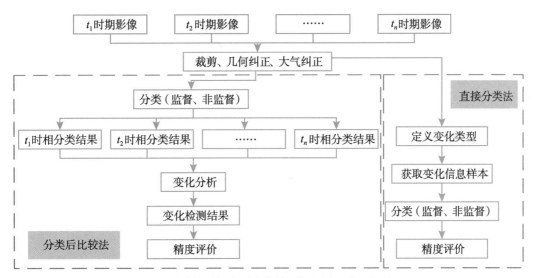

图 5-5　基于分类的时间序列变化检测框架图（张立福等，2021）

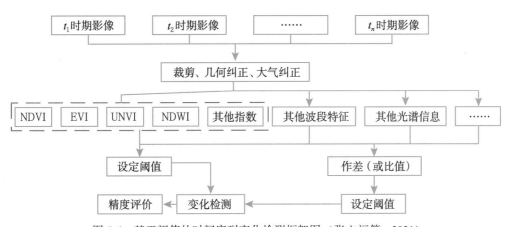

图 5-6　基于阈值的时间序列变化检测框架图（张立福等，2021）

回波相位信息作为目标，分析其相位分量的时空特征，估算大气延迟、DEM 误差以及噪声等。选取序列中某一影像作为参考影像，与其他影像分别求差，生成差分干涉图像。分析和处理各 PS 点在干涉图像中的相位信息，得到各 PS 点上的线性和非线性的形变速率、大气延迟量以及 DEM 误差，再以之作为控制信息，内插出整个区域的形变速率和 DEM 修正值（图 5-7）。高精度 PS-InSAR 处理方法的精度能达到毫米级，监测地面沉降等细微变化。

张立福等（2021）指出遥感时间序列影像包含时、空、谱三个维度的信息，现有对其存储和处理的方式仍是将其分解为多个三维数据来进行操作，没有对遥感时序数据的四维信息进行统一的管理和分析，因此提出时谱理论，凝练了其关键技术并给出时谱分析的一般流程（图 5-8）。随着相关遥感数据的大量积累，基于遥感时间序列影像的变化检测

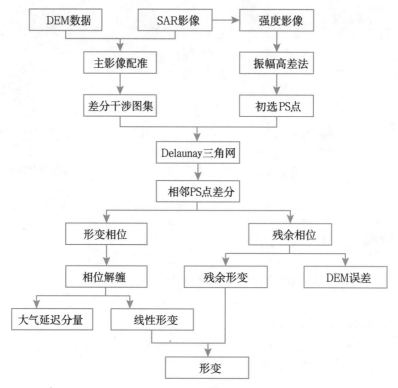

图 5-7 PS-InSAR 方法基本流程图

将越来越普遍和重要，值得重视和研究。

5.2.2 基于 GIS 数据

　　经过多年的基础测绘、数字城市等相关工作的开展，测绘、国土、水利等行业部门获取并存储了大量不同标准、格式和形式的地理空间信息数据，地理变化检测与分析可以（也应该）利用这些数据作为本底数据参考。这种基于 GIS 本底数据的变化检测方法不仅能够充分发挥既有数据的作用，还可以基于先验知识约束变化检测的方向，提高处理速度和质量，生产精度和可靠性更高的检测成果。基于 GIS 本底数据的变化检测方法是变化检测的重要发展方向，也是地理国情监测的重要方法。

　　基于 GIS 本底数据的变化检测的基本思想是将 GIS 数据作为数据源的一部分，与现势的遥感数据进行匹配，再识别并判断变化。对 GIS 数据源而言，需要确保其中包含和精确表达了所有检测目标的信息。这是因为 GIS 数据是经过加工处理过的，在满足精度要求的情况下，有些 GIS 数据会按照生产要求将一些不需要精确描述的地物信息进行综合或舍弃，此时，这些地物的变化信息就不可能被发现。还有些专题 GIS 数据，其中没有包含全部地物信息，使用时需要认真核实。

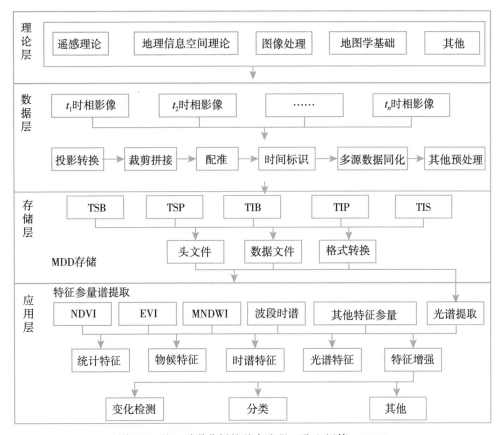

图 5-8 基于时谱分析的基本流程（张立福等，2021）

1. 按照检测数据类型分类

一般地，GIS 数据是矢量数据，而遥感数据是栅格数据，两者可以配准，但不能直接进行比较，需要进行转换处理，转换为同一种类型的数据才能进行变化检测。主要有三种转换方式。

（1）将栅格数据转换为矢量数据。

这是常见的 GIS 数据处理方法，通过专业软件将栅格形式的影像数据转换成以点、线、面等形式表达的矢量数据。一般过程包括：二值化、去噪、细化、追踪和建立拓扑关系等步骤。

（2）将矢量数据转换为栅格数据。

实质上是将矢量的点、线和面数据转换为栅格形式。在转换之前要确定栅格单元（像元）的大小，确保满足变化检测要求。矢量点转换，是将点的矢量坐标转换成栅格数据中行列值，确定该点在栅格影像中的位置；矢量线转换，首先将线的两个端点转换为栅格点，然后解算直线经过的所有栅格单元，作为直线的组成部分；矢量面的转换，首先转换面的边界线，再将其内包含的栅格单元标记作为面的组成部分。

（3）将栅格数据和矢量数据转化为栅格矢量一体化数据。

栅格矢量一体化数据是具有矢量和栅格两种结构特征性的一体化数据结构，它能很好地集成矢量和栅格数据的优点。目前，在 GIS 工程中已经出现多种栅格矢量一体化结构的数据形式。将矢量和栅格数据都转换为这种形式，实现数据结构的统一，再进行后续的变化检测。

对应地，按照最后用于变化检测的数据类型，可以将基于 GIS 数据的变化检测分为以下三类。

（1）转换为矢量数据的变化检测。

如前所述，其关键是将栅格影像数据转换为矢量数据，再基于矢量数据进行变化检测。一般是将栅格影像数据进行处理，提取其特征，再将其特征进行矢量化，这样不仅减少了矢量化的工作量，也使相比较的内容一致。在处理过程中，由于 GIS 数据是经过处理和加工过的产品，其中有很多与影像相关的信息，利用这些先验信息，辅助影像特征提取，可以大大降低特征提取的难度，提高提取效率。其关键是利用 GIS 数据中存在的先验知识，优化影像特征提取。流程参见图 5-9。

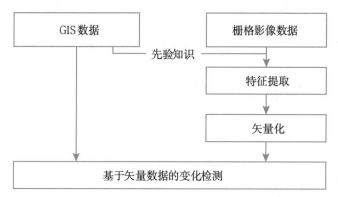

图 5-9　转换为矢量数据的变化检测流程图

（2）转换为栅格数据的变化检测。

其关键是将矢量数据转换为栅格数据，再基于栅格数据进行变化检测。其中，核心是矢量数据栅格化。将 GIS 数据转化为特征影像，再与现势的遥感影像进行比较。使用这种方式可以很方便地利用既有变化检测方法，也尽可能地不丢失现势信息。其流程参见图 5-10。

（3）转换为一体化数据的变化检测。

其关键是将参与变化检测的矢量数据和栅格数据都转换为矢量栅格一体化数据，再基于该类型数据进行变化检测。核心是矢量数据和栅格数据的一体化转换，以及构建统一的数据平台，能够管理和比较矢量栅格一体化数据。其流程参见图 5-11。

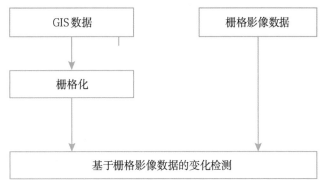

图 5-10 转换为栅格数据的变化检测流程图

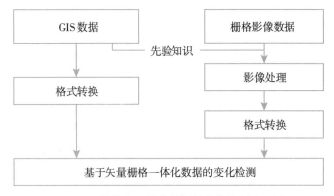

图 5-11 转换为一体化数据的变化检测流程图

2. 按照 GIS 数据来源分类

1）基于测绘专业 GIS 信息数据

测绘专业 GIS 信息数据主要是指满足测绘行业规范的 GIS 数据，包括各种不同比例尺的数字正射影像、数字线划图、数字地面高程模型、数字栅格地图以及专题地图等。图 5-12 是基于数字线划图和遥感影像的变化检测方法。首先，对遥感影像进行预处理，再与数字线划图配准；其次，从既有数字线划图中找到稳定不变的地物信息（建筑物、公路、铁路、杆塔等），在这些先验知识的引导和约束下对遥感影像进行特征提取，再进行矢量化；最后，进行基于矢量数据的变化检测。

2）基于行业专题空间信息数据

行业专题空间信息数据是各行业各部门针对本行业需求而采集、处理和管理的专题 GIS 数据，内容相对单一，但符合专业规范要求，能够满足特定变化检测的需求。这些 GIS 数据有地质、煤炭、公路、铁路、水利、海事、民政等涉及空间信息的部门获取的地理空间信息图件、控制点、数字地图产品等。将这些数据与最新的遥感数据叠加、对比，能够检测、提取和分析专题信息的变化情况。这类方法通常采用矢量对比的方法，先对栅

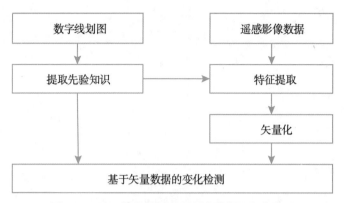

图 5-12　基于数字线划图和遥感影像的变化检测

格数据进行特征提取和分类，提取与专题空间信息相同类型的矢量数据，再进行比较和检测分析。

5.2.3　基于高程信息数据

高程信息数据主要是指由摄影测量、LiDAR 以及 SAR 技术等获取的 DSM、DEM 等产品。高度变化是很多地理变化的重要特征，而基于灰度变化的变化检测方法没有使用高度特征，其检测效果会受到影响。基于高程信息的变化检测方法能够有效利用高度变化特征，提高变化检测的效率和质量。

1. 使用 DEM 数据

1）DEM 直接相减的方法

基于高程信息数据的变化检测，最基本的方法是将新旧两个时期的 DEM 数据配准，再通过差值运算进行变化检测，这样能够得到高程变化的信息，进而找到实际地理变化的地区（图 5-13）。

宫鹏（2000）使用摄影测量的方法，即使用多时相航空摄影立体像对生成不同时相的 DEM，将两者相减，来检测地形变化，其精度达到 1m 以内。这种方法原理比较简单，是基于传统航测技术来实现的，自动化程度较低。其处理速度和成果精度主要取决于作业人员的技术能力和水平。

李畅等（2014）提出一种利用既有数据辅助的遥感立体影像密集匹配和三维变化检测方法。使用基于 GIS 知识引导物方平面扫描匹配，生成新的 DEM，再与旧时期的 DEM 进行比对，得到变化信息（图 5-14）。

李德仁等（2006）提出了一种使用旧时期的 DEM 产品和新获取的航摄影像来检测地形变化，同时更新 DEM 的方法。其主要原理是：利用已有的控制点数据库和 DEM/DOM，通过影像匹配和后方交会求出像对的外方位元素，然后计算出整个立体模型各个格网点的高程，并与旧的 DEM 相减比较，若高差在精度范围内，则为未变化点；若高程差超出精度阈值，则为疑似变化点。再进行人工编辑和质量检查，从疑似点中确定高程变化点。该

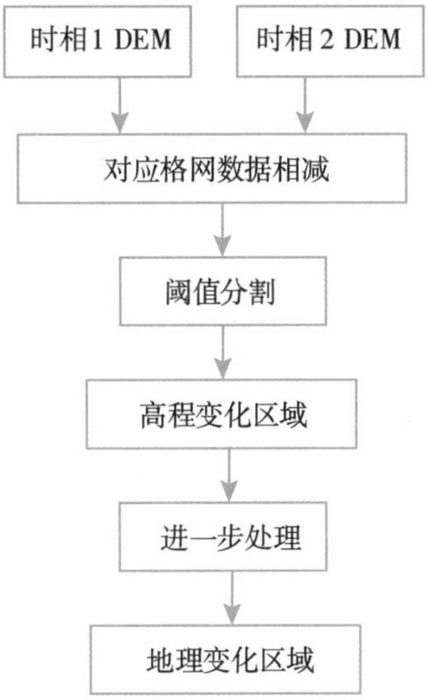

```
┌──────────┐   ┌──────────┐
│ 时相1 DEM │   │ 时相2 DEM │
└────┬─────┘   └────┬─────┘
     │              │
     ▼              ▼
┌──────────────────────┐
│    对应格网数据相减     │
└──────────┬───────────┘
           │
           ▼
     ┌──────────┐
     │  阈值分割  │
     └────┬─────┘
          │
          ▼
   ┌────────────┐
   │  高程变化区域 │
   └─────┬──────┘
         │
         ▼
    ┌──────────┐
    │  进一步处理 │
    └────┬─────┘
         │
         ▼
   ┌────────────┐
   │  地理变化区域 │
   └────────────┘
```

图 5-13　DEM 直接相减的变化检测方法流程图

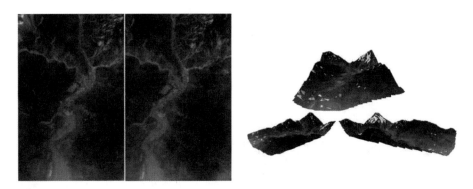

图 5-14　航空立体像对（左）及变化检测结果（右）（李畅等，2014）

方法的成果有：变化检测结果、更新后的 DEM 和新影像的外方位元素。其流程图见图
5-15，检测结果见图 5-16。

　　2）DEM 相减再结合影像检测的方法

　　为了更好地发挥多源遥感数据的优点，还有一种可行的思路是首先使用不同时相的
DEM 数据检测高程变化，然后结合影像数据中的纹理信息做进一步优化，以提高检测成
果的精度和可靠性（图 5-17）。

　　2003 年，Franck Jung 使用多时相航空立体像对检测了房屋的变化。首先使用两个时
期的 DEM 数据比较高程变化，以人工辅助的方式除去大部分没有发生高程改变的区域，
得到发生变化的感兴趣区域（ROI）；然后基于两个时期的立体影像对 ROI 进行分类；最
后将两个时期分类的结果进行比较并提交给作业员判断，结果的漏检率低于 10%，虚检
率低于 5%。这种方法对 DEM 的精度、格网间距以及分类精度要求比较高。

113

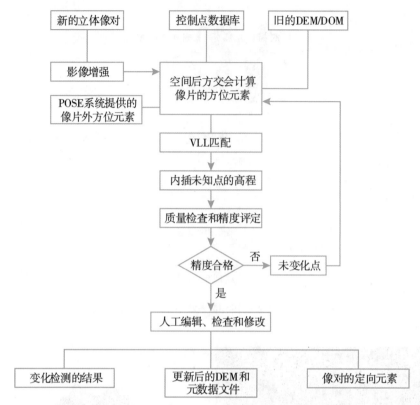

图 5-15　地形变化检测和 DEM 更新的流程图（李德仁等，2006）

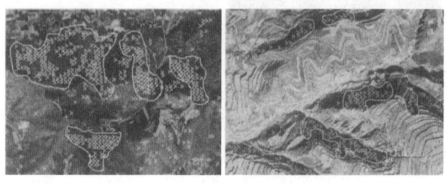

（a）汉中地区　　　　　　　　　　　（b）铜川地区

图 5-16　变化检测结果（李德仁等，2006）

卜丽静等（2013）首先利用资源三号影像制作变化前后两个时相 DEM 的影像数据，再将其相减，设定阈值，分割得到基于高程的变化检测结果；然后进行基于平面变化检测，将前面得到的差值影像采用基于分水岭分割方法，得到平面变化区域（图 5-18），最终得到三维变化检测结果（图 5-19）。这种方法的核心问题也是阈值的确定，包括检测 DEM 变化的阈值以及分水岭算法分割的阈值。

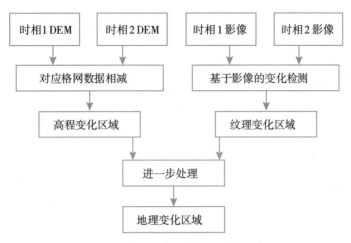

图 5-17 DEM 相减再结合影像的变化检测方法流程图

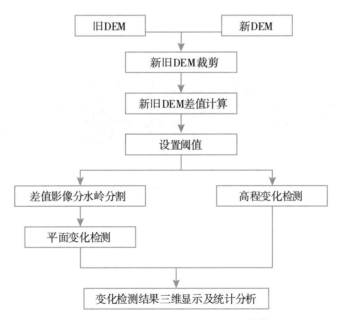

图 5-18 DEM 三维变化检测流程图（卜丽静等，2013）

3）基于单时相 DEM 再结合影像的方法

还有一种方法是利用单时相 DEM 和最新的立体像对检测高程变化。

冯甜甜等（2008）进行了基于物方影像匹配的 DEM 聚类变化检测。首先将既有 DEM 的格网点坐标值作为初值，结合利用铅垂线轨迹法（Vertical Line Locus，VLL）和新影像的外方位元素解算格网点的真实高程值，得到初始的高程变化检测结果，再用基于密度的聚类方法对初始分类结果进一步处理和分析，将离散的错误变化信息剔除（图 5-20）。

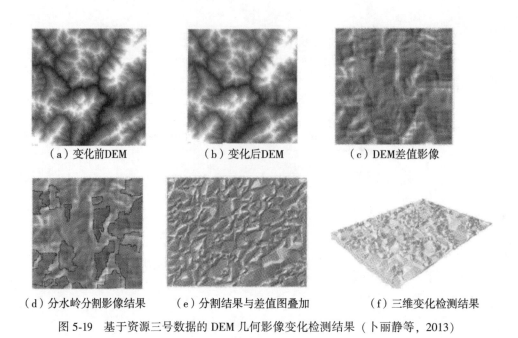

（a）变化前DEM　　　　　　（b）变化后DEM　　　　　　（c）DEM差值影像

（d）分水岭分割影像结果　　（e）分割结果与差值图叠加　　（f）三维变化检测结果

图 5-19　基于资源三号数据的 DEM 几何影像变化检测结果（卜丽静等，2013）

（a）新的航空影像　　　（b）初始结果的二值影像　　　（c）聚类及矢量化结果

图 5-20　变化检测结果（冯甜甜等，2008）

2. 使用 DSM 数据

　　DEM 是裸露地面的数字表达，数字表面模型（DSM）则是对地球表面的数字表达。城市地区的很多变化都是城市建设引起的，这些变化在高度上有明显反映，因此会在 DSM 上有显著表现。一种有效的检测城市发展变化的方法就是采用不同时相的立体像对生产出不同时期的 DSM，再比较这两个 DSM 的差别，找到变化区域，这些区域就是候选区域。通过对候选区域的处理分析，就能得到各种城市变化的类型，并分析其原因。

　　刘直芳等（2002）利用大比例尺的航空影像对城市地区人工建筑物的变化进行检测，根据城市地区人工建筑物的变化主要反映在高度上这一特点，利用两个不同时期的立体像对生成两个不同时期 DSM，在差值 DSM 上获取待选变化区域（图 5-21）。

　　DSM 影像上的高度变化不仅包括建筑物的变化，还包括树木、电力线等地物目标的变化。所以，在待选区域利用梯度方向直方图、灰度匹配、直线特征匹配等方法，针对城市地区人工建筑物的变化进行进一步分析。该方法不仅检测出城市地区的变化情况，同时也对变化的情况进行了定量的分析，实验结果表明该方法的正确率最高可达 75%。总的

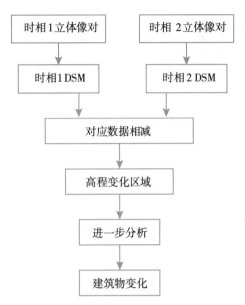

图 5-21 基于 DSM 的变化检测流程图（刘直芳等，2002）

来说，这种方法使用数字摄影测量工作站生产两个时期的 DSM，再通过两期的 DSM 相减来提取变化区域，需要经过两次立体建模，工序相对复杂，成本较高。

3. 使用 LiDAR 数据

1）LiDAR 数据直接相减的方法

通过 LiDAR 数据可以直接获取地物的三维坐标，可以不需要经过立体匹配等步骤直接构建 DSM，具有精度高、密度大、效率高等优点，成为进行城市变化检测的重要技术。经过去噪之后的 LiDAR 点云数据就是可以使用的 DSM 数据，基于 LiDAR 数据的变化检测流程与基于 DSM 数据的变化检测流程基本一致。

Vu 等（2004）较早使用 LiDAR 点云数据进行了建筑物变化检测。数据源是 1999 年和 2004 年分别获取的东京市 LiDAR 数据，首先将数据重采样成格网大小为 1m 的栅格数据（图 5-22）。

处理步骤如下。

（1）将不同时相的 LiDAR 数据进行精确配准。

（2）将配准后的不同时相 LiDAR 数据相减，得到差值图像。

（3）统计差值图像的灰度直方图，统计灰度（高程值）的均值和标准差，以均值+标准差作为阈值。在差值图像中，凡是灰度值大于（均值+标准差）的地区为可能的新增建筑物，凡是灰度值小于（均值−标准差）的地区为可能的拆除建筑物地区（图 5-23）。

（4）使用 LiDAR 点云密度作为指标，去除上述结果中的错误分类。经过处理后的结果见图 5-24，检测结果统计见表 5-1。

（a）1999 年数据　　　　　　　（b）2004 年数据

图 5-22　实验 LiDAR 数据（Vu et al.，2004）

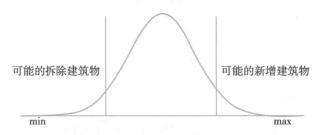

可能的拆除建筑物　　　　　　　　　　可能的新增建筑物

min　　　　　　　　　　　　　　　　　max

图 5-23　根据统计值区分建筑物（Vu et al.，2004）

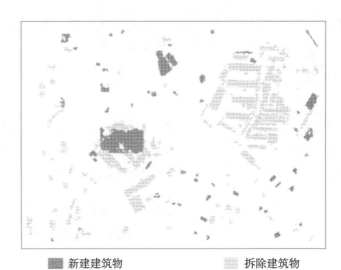

　新建建筑物　　　　　　　　　拆除建筑物

图 5-24　新建建筑物和拆除建筑物（Vu et al.，2004）

表 5-1　　　　　　　　　　　　检测结果统计（Vu et al.，2004）

	新建建筑物	拆除建筑物
正确	44	42
不正确	4	55
有歧义的	4	2

城市变化检测需要密度很高的 LiDAR 数据，如果密度不够，就会产生很大的误差。

2）LiDAR 数据相减再结合影像检测的方法

彭代锋等（2015）提出一种结合 LiDAR 点云数据和航空影像的建筑物三维变化检测方法，可以同时获取建筑高程和面积的变化。首先，对不同时期 LiDAR 点云生成的数字表面模型（DSM）进行差值运算，再设置高程阈值对差值 DSM 进行滤波，滤除非建筑变化；然后，进行形态学滤波，去除噪声，得到候选变化区域；最后，利用共线方程将这些候选变化区域投影到航空影像中，使用航空影像的光谱、纹理等信息排除非建筑物变化，最终得到高程变化信息和面积变化信息（图 5-25）。

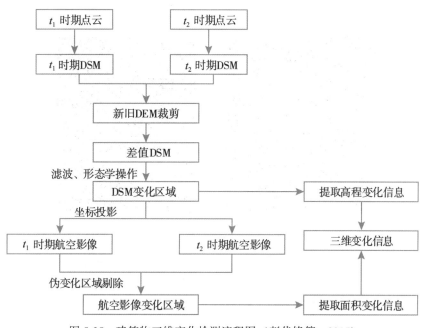

图 5-25　建筑物三维变化检测流程图（彭代锋等，2015）

实测数据的处理结果（图 5-26）表明，该方法可以较高精度提取出建筑物的三维变化信息。

5.2.4　基于实地观测数据

实地观测数据具有实时性强、精度高、时间分辨率稳定等特点，在进行变化检测时具有独特优势，是一种经典的地理信息数据生产和数据更新方法。尤其是通过实地调查和测绘得到的调绘数据，能够准确、可靠、实时地获取地理变化信息，在很多大比例尺高精度测绘和变化检测中得到广泛应用。使用全站仪、水准仪、GNSS 测量等获取高精度的目标点坐标，也是监测大坝、沉降和滑坡等高精度变形的主要手段。基于实地观测数据进行变化检测的主要缺点是：工作量大；有些工作地点会带来人员伤害危险；作业效率较低，生产周期长；数据过于离散，易错过监测时间点；数据处理滞后等。通常将实地观测数据与其他数据联合进行地理变化检测与分析。

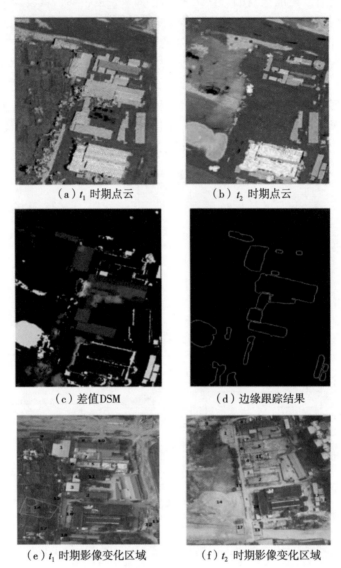

（a）t_1 时期点云　　　　　　（b）t_2 时期点云

（c）差值DSM　　　　　　　（d）边缘跟踪结果

（e）t_1 时期影像变化区域　　　（f）t_2 时期影像变化区域

图 5-26　建筑物三维变化检测结果（彭代锋等，2015）

　　将 GNSS 技术、通信技术和数据处理技术相结合，能够实现地表变形监测工作的自动化和实时化。姜卫平等（2012）研制了基于 GNSS 观测数据的变形监测软件，建立了水库连续运行监测系统，实现对西龙池上水库的连续、自动化变形监测。其系统结构图如图 5-27 所示。

5.2.5　基于其他数据

　　其他数据主要是指一些具有空间位置属性的调查和统计数据，这些数据都是可以空间定位，能够准确定位到某个具体的空间位置，并成为该空间数据的属性信息。这些调查和

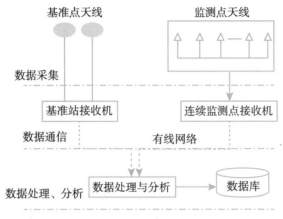

图 5-27　GNSS 变形监测系统结构图（姜卫平等，2012）

统计数据经过空间化后，可以作为地理变化检测的数据源，提取变化。例如，通过网络信息检索，可以发现正在施工和刚刚竣工的工程，经济和建设发展规划等信息，再结合空间位置，可以掌握地理变化信息并解释其原因。

2010 年，曾文华等实现了基于网页信息检索的地理变化检测。首先根据检测目的设计搜索条件，在互联网上搜索满足条件的网页；再设计评价方法评价搜索结果的可信度，对搜索结果进行统计和空间分析；最后将结果定位到地图上，实现基于网页信息检索的地理信息变化检测。

其总体流程如图 5-28 所示，由 4 个步骤组成：①创建搜索条件，包括定义能表示地理信息发生变化的关键字、关键字组合和搜索的网站；②基于搜索条件在互联网上进行搜索；③分析搜索结果，对各信息做可信度评价，即该信息表示地理信息发生变化的可信程度；④存储搜索结果并进行统计和空间分析。

图 5-28　总体设计（曾文华等，2010）

基于网页信息检索的地理信息变化检测的关键内容如下。

1. 搜索条件

（1）设计限定搜索网站。收集检测区内各级政府的新闻网以及政府机构网，例如交通、水利、林业、国土、规划等政府机构网站。通过限定搜索网站，一方面可以限定搜索区域（行政区域），最大限度地减少因地名相同而造成搜索结果的差错；来源网站的权威性和时效性，也保证了搜索结果的可靠性和现势性；还可以更有针对性，缩小搜索范围，加快搜索速度。

（2）设计搜索关键字。按照查询关键字是否包含空间关系将其分为两类：第一类由"地名+地理要素名+动词"组成，表示在什么地方什么地理要素发生了变化；第二类由"地理要素名、动词+空间关系（包含）+地理位置"组成，表示在什么检测区域内什么地理要素发生了变化。表 5-2 是地理要素名和表示发生变化的动词示例。

表 5-2　　　　　　　　　　　　地理要素名和动词（曾文华等，2010）

地理要素分类	地理要素名称	表示变化的动词
交通	公路 隧洞 隧道 ……	通车、建成、拓宽 贯通 通车、建成 ……
水系	河流 运河	改道 通航
……		……

2. 可信度评价

影响可信度的主要因素有关键字自身的重要程度、关键字出现在网页的位置、关键字出现频率和地物发生变化的准确时间。进行可信度评价分为 4 个步骤：①设置权重；②权重计算；③获取变化时间；④入库。

3. 统计和空间分析

对搜索结果按照地理要素类别进行统计，再根据每条搜索结果的经纬度坐标，将其定位到地图上，通过空间分析来确定各个区域地理要素变化的频繁程度。表 5-3 展示了部分变化搜索的结果。

表 5-3　　　　　　　　　　　　部分变化搜索结果（曾文华等，2010）

标题	内　容	时间	关键字	可信度
二棉路西伸通车了	"老杭二棉厂附近新修了条路，前两天好像通车了。"昨日，网友"微澜"反映，她周末出行时，发现工人路旁边的河上建了新桥，车可以直接上桥开往萧杭路……	2009 年 6 月 8 日	桥、通车	1
萧山网新闻中心河庄网	江东工业园区二期闸北安置区块，已做好道路等用地的报批工作，河庄大道拓宽工程已列入区政府 2008 年实施项目，九桥东接线一标段施工顺利，有望年底竣工通车	2008 年 9 月 7 日	道路、通车	2

标题	内　　容	时间	关键字	可信度
江东二期安置小区建设建站顺利	2009 年 5 月 8 日……江东二期安置小区两户联建区块位于河庄大道以西、江东大道南北两侧的闸北和同二村，规划总用地面积 840 亩，将安置农户 1241 户。多层安置区块位于河庄……	2009 年 5 月 8 日	河 庄、小区、规划	3
龙坞乡村茶文化休闲旅游区将再度扩容	2009 年 3 月 23 日，其中，溪涧景观带以溪水甘洌、蜿蜒流淌的龙门溪为主线，两侧设绿带，临溪茶楼，与青龙山水库、听松亭、横山松径、横山茶园等景观呼应。建成后，辅以龙……	2009 年 3 月 23 日	龙 门、水库、建成	4

由于新闻网站内容准确性和实效性都很高，这种方法能够更快、更准确地找到发生变化的地理信息。缺点是地理定位的准确性需要多方面证实。

5.3　按照检测差异的方法分类

按照检测差异的方法分类是经典的地理变化检测的分类方法。地理变化检测与分析的依据是同一目标在不同时相的数据中有差异，只有检测（强化并识别）了差异，才能表现、提取和描述变化。检测差异的方法体现了处理者对数据源特性的掌握，对所发生变化的理解，希望获取什么样的变化，希望用何种方式发现变化，如何组织数据，如何使用数据，如何提高处理速度等一系列思路。总的来说，可以分为直接比较法、特征比较法、空间变换比较法和视觉比较法等几种方法。

5.3.1　直接比较法

直接对不同时相的影像信息进行比较以得到变化信息，是最容易想到的变化检测方法。在几何配准多时相影像后，比较对应像元的灰度值，如果灰度值差异超过给定阈值，说明该像元对应的地物在这段时间内发生变化，否则没有变化。基于这种思想设计的算法称为直接比较法，直接比较法使用经过几何校正和辐射校正后的像元值进行比较，以获取变化信息。直接比较法有很多种，常用方法如下。

1. 图像差值法

图像差值法是一种经常使用的变化检测方法，也是很多其他种类变化检测方法的必要环节。其基本原理是将同一地区不同时间获取的两幅（或多幅）影像进行精确的几何配准和辐射校正，然后将影像中对应像元的灰度值相减（单波段图像直接相减；多波段图像的对应波段分别相减），从而获得差值影像。其基本计算公式如下：

$$D_{ij} = | x_{ij}(t_2) - x_{ij}(t_1) | \tag{5-1}$$

式中，i，j 表示像元坐标值；x_{ij} 表示像元的灰度值；D_{ij} 表示不同时相像元灰度值的差值结果的绝对值，其值越大，则对应像元的灰度值差异越大，发生变化的可能性越大。当 D_{ij}

大于设定的阈值 T 时，则认为像元对应的地物在前后两个时相中发生变化。在 D_{ij} 构成的差值影像中，灰度值较大的像元，其对应的区域发生变化的可能性较大；灰度值较小的像元，其对应的区域发生变化的可能性较小；灰度值接近 0 的像元，对应区域未发生变化。

设阈值为 T，则有：

$$B = \begin{cases} 0 & (D_{ij} < T) \\ 255 & (D_{ij} \geq T) \end{cases} \tag{5-2}$$

有时也取 2 个阈值，下限 T_1 和上限 T_2，有

$$B = \begin{cases} 255 & (D_{ij} < T_1) \\ 0 & (T_1 \leq D_{ij} \leq T_2) \\ 255 & (D_{ij} > T_2) \end{cases} \tag{5-3}$$

式中，B 为差值影像经过二值化后的像元值。

下面是一个差值法变化检测的例子（杨希等，2008），其流程图如图 5-29 所示。

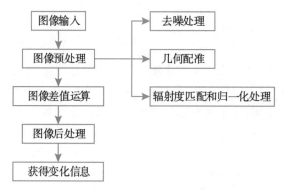

图 5-29　差值法变化检测流程图（杨希等，2008）

1）图像预处理

（1）选取控制点，采用多项式法确定基准图像与待配准图像之间的对应关系，实现相对配准。

（2）以直方图匹配的方法来实现辐射度匹配及归一化。

结果如图 5-30 所示。

2）差值运算

两个时相的影像相减，得到差值影像[图 5-31（a）]。浅和亮色调的区域（灰度值大）对应发生变化的地物像元，深和暗色调的区域（灰度值小）对应未发生变化的地物像元。像元最小灰度值为 –67，像元最大灰度值为 74[图 5-31（b）]。

3）差值影像后处理

在差值影像中，像元灰度值会出现负值，这里引入常量 C，使其灰度值在 0~255 范围内，称为差值图像的直方图平移（图 5-32）。

4）阈值确定

（1）统计差值影像灰度的均值 M 和标准差 δ。

图 5-30　预处理结果（杨希等，2008）

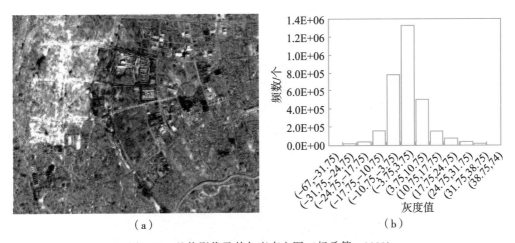

（a）　　　　　　　　　　　　　　　　（b）

图 5-31　差值影像及其灰度直方图（杨希等，2008）

（2）按照下式确定阈值：

$$\begin{cases} T_1 = M - n \cdot \delta \\ T_2 = M + n \cdot \delta \end{cases} \tag{5-4}$$

式中，n 为门限值。根据式（5-4）确定的变化阈值 T_1、T_2。

5）变化检测

通过实验对比，取 n 为 1.5，按照式（5-4）计算得到像元信息变化阈值 T_1、T_2 为（56，80），即灰度值在 56~80 范围内的像元，其对应地物判定为没有发生变化，否则为发生变化，从而完成变化检测。结果如图 5-33 所示。

图 5-33 中，灰度值黑色调的像元对应的是无变化或变化不大的地表；灰度值灰色调和白色调的像元对应的是发生变化的地表，其灰度值分布于差值图像直方图的左端（$<T_1$）和右端（$>T_2$）。

图像差值法原理简单直接，容易理解和实现，但只能确定目标区域是否发生变化，难以确定变化的性质。如果需要明确变化的性质，还需结合其他方法进行分析判断。由于相

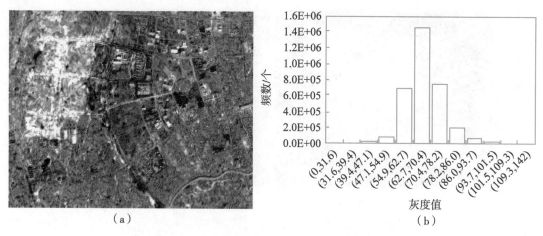

（a）　　　　　　　　　　　　　　（b）

图 5-32　差值影像后处理结果（杨希等，2008）

图 5-33　差值法变化检测结果（杨希等，2008）

同地物在不同时相的光谱特征会有区别，变化阈值需要根据实际情况确定，不是一成不变的。

2. 图像比值法

图像比值法也是一种经常使用的变化检测方法，很多其他变化检测方法也会使用图像比值法作为求取差异的方式。其基本原理是将同一地区不同时间获取的两幅（或多幅）影像进行精确的几何配准和辐射校正，然后将影像中对应像元的灰度值相除（单波段图像直接相除；多波段图像对应波段分别相除），得到比值影像。未发生变化的地表，在不同时相影像中灰度值接近，比值图像中的比值趋近于 1；反之，则偏离 1。与差值方法类似，比值法的理论简单，方法简便，也难以确定变化的性质，对配准、去噪和校正的精度要求很高。相比于差值法，比值法可以消除部分由太阳高度角、阴影和地形起伏引起的乘性误差，提高检测精度。其基本计算公式如下：

$$D_{ij} = \frac{x_{ij}(t_2)}{x_{ij}(t_1)}$$ (5-5)

式中，i，j 表示像元坐标值；x_{ij} 表示像元的灰度值；D_{ij} 表示不同时相像元灰度值的比值。D_{ij} 接近 1 的时候，两期影像对应像元灰度值越接近，对应的地表未发生变化；偏离 1 时，则认为对应像元灰度值不一致，对应的地表发生变化。由于配准误差、光照条件和噪声等干扰因素会带来一定的偏差，需要设定阈值去除微小差异，得到真实变化。设阈值为 T，有：

$$P = \begin{cases} 0 & (|D_{ij} - 1| < T) \\ 255 & (|D_{ij} - 1| \geq T) \end{cases}$$ (5-6)

其中，P 为当前像元变化检测后的灰度值，255 代表变化，0 代表未变化。有些算法设 2 个阈值，下限 T_1 和上限 T_2，有：

$$P = \begin{cases} 255 & (|D_{ij} - 1| < T_1) \\ 0 & (T_1 \leq |D_{ij} - 1| \leq T_2) \\ 255 & (|D_{ij} - 1| > T_2) \end{cases}$$ (5-7)

比值法变化检测处理流程图如图 5-34 所示。

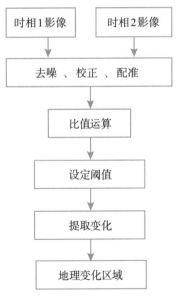

图 5-34　比值法变化检测流程框图

3. 变化向量分析法

变化向量分析法主要针对多光谱影像数据的变化检测。主要原理是以多光谱图像的波

127

段数为维数，设计一个多维向量空间，将多光谱影像的一个像元映射为该多维向量空间的一个点，其多维坐标对应于多光谱影像的波段中的亮度值，构成一个向量。如果在 t_1 时刻到 t_2 时刻的期间，地表发生变化，则对应时相多光谱影像的亮度值也发生变化，其映射在多维空间中的 t_1 时刻和 t_2 时刻的两个向量也会发生变化，其差值不为 0。设定阈值 T，如果向量差值大于 T，则变化显著，说明地表发生变化。

变化向量分析法是针对多光谱影像数据各波段亮度值的差值处理，与前述图像差值法一样，需要高精度的几何配准、辐射校正以及正确的阈值，难以识别变化的类型。

4. 图像回归法

图像回归法认为自然界的发展是有一定规律的，可以根据既有影像信息预测后续时刻的影像信息。如果获取的后续时刻的真实影像信息与预测的影像信息不一致，则说明地表发生变化。具体地，基于第一时刻的遥感影像，使用回归方程等方法估计出第二时刻的影像（回归影像），再使用第二时刻获取的真实影像减去回归影像，得到差异影像，最后设定阈值，判断是否发生变化情况。

设 t_1 时刻获取的影像为 $x_{ij}(t_1)$，t_2 时刻获取的影像为 $x_{ij}(t_2)$，预测函数为 $f(x)$，则估算的 t_2 时刻回归影像由式（5-8）计算：

$$x'_{ij}(t_2) = f(x_{ij}(t_1))\tag{5-8}$$

则差值影像为

$$D_{ij} = |\,x_{ij}(t_2) - x'_{ij}(t_2)\,|\tag{5-9}$$

式中，i，j 表示像元坐标值；D_{ij} 表示 t_2 时刻获取的影像与估算的 t_2 时刻回归影像的像元灰度差值的绝对值。

后续处理按照前述图像差值法进行。图像回归法理论上能够去除多时相影像间由于大气条件、传感器、地形等条件不一致造成的差异，得到真实的差异情况。其难点在于需要对各影像因子带来的差异的性质、程度等有全面掌握，设计出精准的回归方程。与图像差值法一样，图像回归法需要高精度的几何配准、辐射校正以及正确的阈值，难以识别变化的类型。由于需要图像回归预测计算，图像回归法的运算量较大。

5. 直接比较法小结

直接比较法是基于像元进行比较的变化检测方法，直接比较法原理简单、操作简便且结果直观。直接比较法正确实现的前提是：

（1）影像处理效果好，几何校正、辐射校正和几何配准等精度满足要求；

（2）变化区域、未变化区域及噪声之间的光谱差异明显；

（3）影像相邻像元之间独立，空间相关性弱。

直接比较法的主要难点包括：

（1）由于噪声、配准误差、校正误差以及成像角度、太阳高度角等产生的灰度差异，使同一地物在多时相影像中的空间位置与分布都不尽相同；

（2）有时未发生变化区域在不同时相影像中也存在较大的光谱差异，在影像直接相减得到的结果中会形成伪变化，不能准确反映真实变化情况；

（3）随着遥感影像空间分辨率大幅提升，像元对应的地面尺寸大幅减小，同一地物在遥感影像中覆盖的像元更多，相邻像元之间的空间相关性大大增加；

（4）直接比较法没有检测和使用像元之间的邻接、相关等信息，不能抑制局部异质等现象，降低了变化检测的精度。

直接比较法的关键技术环节有：

（1）波段选择，应该选择变化最显著的影像波段；

（2）确定阈值，找到最合适的阈值，准确得到变化；

（3）几何配准，其精度影响了像元的对应关系；

（4）辐射校正，其精度影响了灰度值的可比性。

此外，直接比较法没有进行分类操作，不能得到变化的类型。

为了解决直接比较法的难点和不足，提高变化检测的效率和质量，人们提出特征提取后比较法。

5.3.2 特征比较法

特征比较法的基本原理是，首先对多时相影像进行处理，提取地物的统计、纹理、边缘、类别等特征，再对这些特征进行比较，认为特征变化的区域就是影像发生变化的区域，从而得到地表变化信息。常用特征比较法有基于指数的方法，基于统计特征的方法，基于矩特征的方法，基于纹理特征的方法，基于边缘特征的方法和基于类别特征的方法等。

1. 基于指数特征的方法

目前大多数遥感传感器都具有多波段采集能力，由于地表目标在不同波段中的反射率不同，将影像不同波段中记录的像元亮度值进行组合运算，可以得到指数特征。相比于单波段信息，这些多波段信息中提取的指数特征能够更好地突出地表目标的差异，不同的指数特征应用于对应专题的变化检测中，能够提高变化检测的效率和质量。为了准确地设计和应用指数特征，必须熟悉数据源的波段特征。例如，TM 影像的波段号分别对应的波段特征为：1—B，2—G，3—R，5—NIR，5—MIR，6—HIR。

植被指数是一种常用的指数特征，是从遥感影像中识别地表植被，反映植被的生长状况、植被的覆盖率、生物量和生态环境的重要指标。很多种遥感卫星数据都可以反演植被指数产品，相关机构会定期公开发布。通过植被指数特征来表征地表植被信息，主要依据是绿色植被在红色波段和近红外波段的波谱反射特征差异较大，绿色植被强烈吸收红色波段的电磁波，强烈反射近红外波段的电磁波。将遥感影像中这两个波段的信息进行组合，可以突出植被特征，定量描述绿色植被的状态。

经过多年研究，植被指数出现很多变种，主要有：比值植被指数（Ratio Vegetation Index，RVI）、归一化植被指数（Normalized Difference Vegetation Index，NDVI）、通用归一化植被指数（Universal Normalized Vegetation Index，UNVI）、增强型植被指数（Enhanced Vegetation Index，EVI）等。其中，NDVI 最常使用。

NDVI 是多光谱影像的红光波段与近红外波段像元亮度值差值与和值的比值，其取值范围为 ［0，1］（见式（5-10））。NDVI 的值越大，对应地表的植被生长状态越好，覆盖越茂密。通过比值计算可部分消除由于太阳高度角、扫描角、地形、阴影和大气变化等带来的影响。

$$NDVI = \frac{NIR - R}{NIR + R} \tag{5-10}$$

式中，NIR 为近红外波段的观测值，R 为可见光红波段的观测值。下面是一个使用 NDVI 进行植被变化检测的例子。首先计算不同时相多光谱影像的 NDVI 值，然后用后期影像 NDVI 值减去前期影像 NDVI 值，得到差异影像。设定阈值，差值超过阈值的像元对应发生变化的区域。流程图如图 5-35 所示。

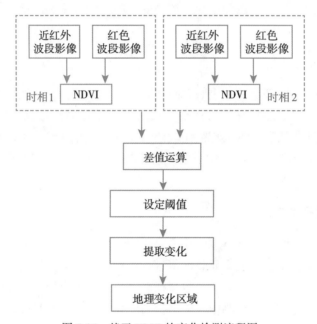

图 5-35　基于 NDVI 的变化检测流程图

此外，使用 NDVI 还能突出地物间的光谱差异，在有些应用中使用 NDVI 指数提取和检测水体以及建筑物等的变化。

除了植被指数特征，学者还提出很多不同的指数特征，如，归一化水体指数（Normalized Difference Water Index，NDWI）、改进的归一化水体指数（Modified Normalized Difference Water Index，MNDWI）、归一化建筑指数（Normalized Difference Building Index，NDBI）、归一化城镇综合指数（Normalized Urban Areas Composite Index，NUACI）、浮藻指数（floating algae index，FAI）等。在实践中还可以根据应用目的以及数据特点，对这些指数进行改造，或构建新的指数特征用于变化检测。设计和使用指数特征的前提是，熟悉应用目标在不同波段的光谱特性，掌握传感器不同波段的参数和特点。

2. 基于统计特征的方法

遥感影像的统计特征也能够反映地表地物的特点，可以作为变化检测的依据。统计特征种类很多，如最大值、最小值、均值、方差，以及多时相影像之间的相关系数等。统计特征不是使用单个像元的亮度值作为检测依据，而是使用邻域内多个像元的亮度值进行判断，这样能减少噪声的影响，提高算法稳定性。基于统计特征进行变化检测，仅能依据统计特征参数的改变，检测影像是否发生变化，不能精确提供变化位置和变化性质。

相关系数法是一种经典的基于统计特征的变化检测方法。相关系数法认为同一地物在不同时相中的影像具有相关性，如果相关性比较大，说明地物没有发生变化；反之，则说明地物发生变化，从而完成变化检测。多时相影像间的相关性一般通过计算相关系数来表征，基本步骤如下。

（1）确定计算窗口大小。

（2）分别在多时相影像上同步移动窗口。

（3）按照下式计算相关系数：

$$r_{ij} = \frac{\sum_{m=1}^{n} (x_m - \bar{x})(y_m - \bar{y})}{\sqrt{\sum_{m=1}^{n} (x_m - \bar{x})^2} \sqrt{\sum_{m=1}^{n} (y_m - \bar{y})^2}} \tag{5-11}$$

式中，r_{ij} 为多时相影像间的相关系数；n 为窗口的像元个数；x_m、y_m 为对应两个时相影像窗口内像元亮度值；$\bar{x}$ 和 $\bar{y}$ 为窗口内像元亮度平均值。

（4）确定阈值 T。

（5）检测变化，如果相关系数 $r_{ij} \geq T$，说明影像对应像元的相关性很高，没有发生变化；反之，则说明该像元发生了变化。

相关系数法计算量相对较大，窗口大小、阈值范围等参数的设置也会影响检测效果。

3. 基于矩特征的方法

矩特征是影像的重要特征，具有平移、旋转、缩放及灰度不变性等特性，低阶矩可以描述影像的整体特征，高阶矩可以描述影像的细节信息。矩特征具有较好的抗噪声性能，可以用来描述影像，作为变化检测的依据。

基于矩特征的变化检测首先计算不同时相影像在移动窗口内的矩特征参数，再将其求差，最后将差值与设定阈值相比较，判断对应像元是否发生变化。

周军其等（2005）基于不变矩实现了符号图像的变化检测。首先计算变化前后图像的直方图不变矩，然后用两幅图像之间的相关系数修正不变矩，最后利用修正后的不变矩实现了变化检测。其流程图见图5-36。

实验表明利用上述方法和流程能够比较好地实现变化检测，当阈值设定为 3.00 时，其检测率为 96.85%，误检率为 0.98% 左右。

基于矩特征的方法难以解释变化信息，也不能提供变化类别信息，还存在计算量大，需要准确设置窗口尺寸、阈值大小等不足。

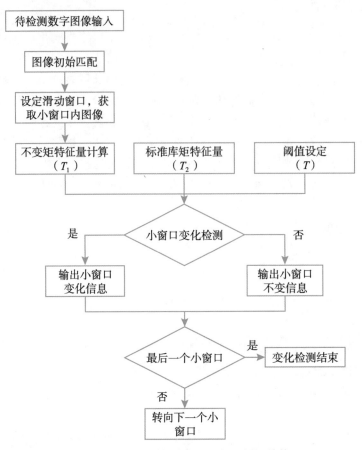

图 5-36　基于矩特征的变化检测流程图（周军其等，2005）

4. 基于纹理特征的方法

纹理特征是一种经典的光谱影像特征，指影像局部范围内的灰度值的分布模式，一方面是影像灰度值的局部统计信息，另一方面可以提供影像灰度值的空间分布特点和结构信息，表征了影像空间信息相互关联的上下文关系。

纹理特征提取方法有很多种类（图 5-37），常用方法主要有灰度共生矩阵、Gabor 变换、傅里叶变换等。

基于纹理特征的变化检测也是先设定移动窗口大小，再将窗口在多时相遥感影像移动，计算移动窗口内的纹理特征或纹理特征组合，最后计算特征差，将差值与设定阈值相比较，判断对应像元是否发生变化。其处理步骤与基于矩特征的变化检测相似。

影像的纹理特征相对稳定，不易受噪声影响，且纹理特征种类和组合方式都比较多，可以从中挑选最适合的特征。不足之处在于纹理特征计算量巨大；需要准确设置窗口大小、阈值范围；不易找到能最佳描述目标纹理特性的特征；需要测试纹理特征的可区分性等。基于纹理特征的变化检测方法也不能精确提供变化位置和变化性质。

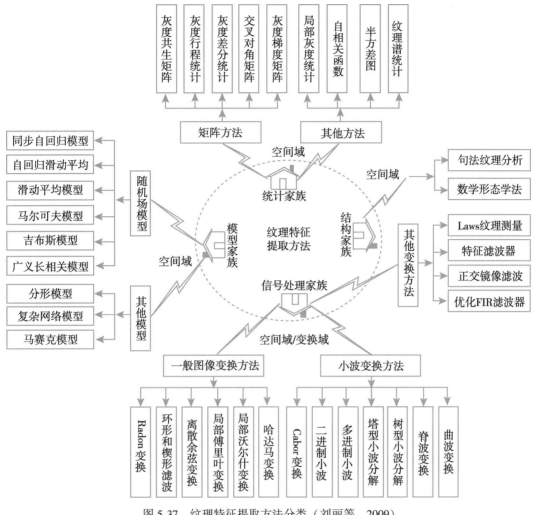

图 5-37 纹理特征提取方法分类（刘丽等，2009）

很多时候，纹理特征与其他特征结合能够得到较好的变化检测效果。梅树红等（2019）针对实际生产中大范围多时相遥感影像人工勾绘变化图斑耗时费力的现状，研究了一种结合 NDVI 和纹理特征的林地变更检测方法。其流程图见图 5-38。

5. 基于边缘特征的方法

在数字图像处理技术中，边缘是指图像局部灰度显著变化的区域，边缘特征是图像的基本特征，是目标几何和物理特性的综合反映，如果目标发生了变化，很多情况都会在其几何特征上表现，在边缘特征上会有反映。可以通过检测和比较边缘的变化情况，实现对多时相影像的变化检测。

基于边缘特征的变化检测方法就是先分别提取多时相影像的边缘信息，比较这些边缘的差异，从而确定变化区域，再进一步分析处理，完成变化检测。图 5-39 是一种基于边

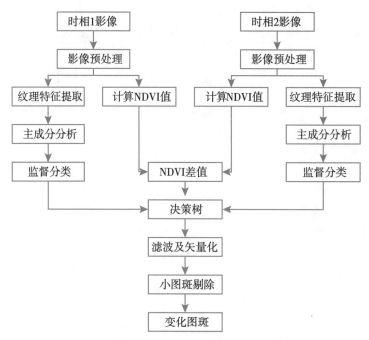

图 5-38　基于 NDVI 和纹理特征的变化检测流程图（梅树红等，2019）

缘特征的变化检测流程图。

　　基于边缘特征的变化检测方法比较稳健，鲁棒性强，能够较好地克服因光照、扫描角以及随机噪声引起的误差。主要缺点是需要大量人工干预，包括边缘提取方法、参数设置和阈值选择等。

　　同其他基于特征的变化检测方法一样，还可以结合边缘特征和灰度特征等进行变化检测。方圣辉等（2005）提出一种结合边缘特征和灰度信息的变化检测方法。其基本步骤是：将边缘检测算子应用于两幅变化前后的经过配准的图像，检测出变化的线性特征；再利用灰度特征进行变化检测，得到变化区域的轮廓，将检测的变化线性特征和变化区域的轮廓特征综合得到最终的变化结果。其结论是：该算法能够有效地检测到线性目标（如新建道路、居民区及条状目标）的变化。

6. 基于类别特征的方法

　　基于类别特征的方法是指先对遥感影像进行分类，然后基于分类结果进行比较，得到变化检测结果。基于类别特征的方法是变化检测最常用的方法之一，也受很多学者重视。

　　基于类别特征的方法有两种，一种常见方法是基于图像分割的方法，首先对图像进行分割，得到若干个分割单元，每个分割单位为一个同质区域。同质区域具有光谱特征、纹理特征、大小特征和形状特征等属性信息，再综合利用这些属性信息进行变化判断。另一种是基于目标检测的方法，一般是结合光谱和几何信息，先从图像中提取目标，然后对这些目标进行比较分析、变化检测。

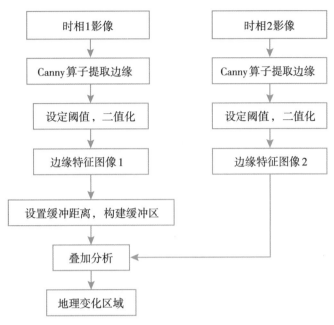

图 5-39 基于边缘特征的变化检测流程图（方圣辉等，2005）

佃袁勇等（2014）根据高空间分辨率影像上变化区域呈聚集状分布的特点，提出一种先分割，再提取特征，最后进行变化检测的方法（图 5-40）。

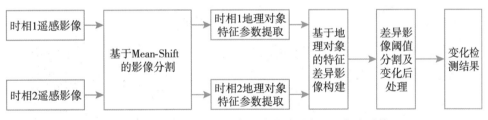

图 5-40 基于图像分割面向地理对象的变化检测流程（佃袁勇等，2014）

基于类别特征的方法对图像配准要求较低，可以直接获取变化的类型、数量和位置，不需要有先验知识，能避免因成像时间、扫描角度、传感器类型等差异造成的误差；而且可以同时处理多幅遥感影像，在长时间序列遥感影像变化检测中有较多应用。其不足之处在于如果针对某具体目标进行变化检测，不能简单分类后就进行变化检测，还要进一步分割出具体目标；如果分类误差过大，会影响变化检测的精度。

劳小敏（2013）使用了先分类再检测的方法实现了面向对象的遥感土地利用变化检测。处理流程见图 5-41。

此面向对象的遥感土地利用变化检测实验包括以下步骤。

1）数据预处理

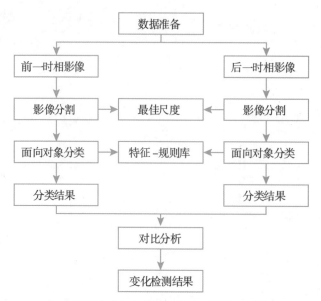

图 5-41　面向对象的遥感土地利用变化检测流程图（劳小敏，2013）

实验使用高分辨率的 QuickBird 卫星影像，包括 0.6m 空间分辨率的全色波段影像和 2.4m 空间分辨率的多光谱影像。首先对两种数据进行影像融合处理（图 5-42），为后续分割和分类提供了数据基础。

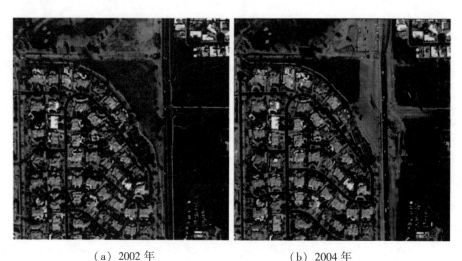

（a）2002 年　　　　　　　　　　　（b）2004 年

图 5-42　实验融合数据（劳小敏，2013）

2）影像分割分类

对上述融合影像，首先分析得到最佳分割尺度，进行影像分割；再应用信息论方法选择最优特征集；基于最优特征，使用模糊决策树的方法得到分类规则，进行影像分类。

3）变化检测

得到两幅影像的分类结果后，对分类结果进行比较，提取土地利用变化信息，生成变化检测结果，如图 5-43 所示。

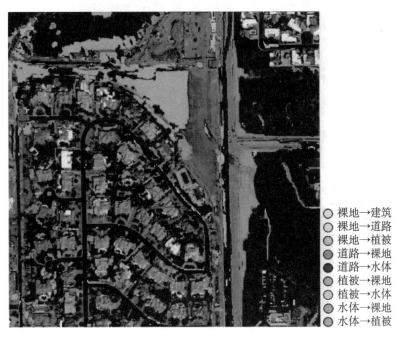

○ 裸地→建筑
○ 裸地→道路
○ 裸地→植被
● 道路→裸地
● 道路→水体
○ 植被→裸地
○ 植被→水体
○ 水体→裸地
● 水体→植被

图 5-43　变化检测结果（劳小敏，2013）

4）后处理

获得变化检测结果后，由于配准、分类以及判断等处理环节会带来误差，需要对变化检测结果进行后处理，提高成果质量。后处理包括剔除毛刺和微小斑块等。处理后的变化检测结果如图 5-44 所示。

7. 特征比较法小结

特征比较法是基于影像特征进行比较的变化检测方法，与直接比较法相比，减少了用于比较处理的数据量，提高了处理效率；通过提取特征，降低了对配准精度的要求，减少了离散像元噪声的干扰，提高了算法稳定性；根据检测目标选择合适的影像特征，更有针对性和有效性，提高了检测质量。变化检测的结果由特征选择的有效性、特征提取的正确性和阈值选取的准确性共同决定，因此由检测对象的影像特点和应用目标正确选择特征或特征组合，设计高效、高质量的特征提取算法，以及准确确定边缘阈值、分割阈值和分类阈值等参数是特征比较法的关键，也是难点。

5.3.3　空间变换比较法

在遥感影像分类中，有一种方法是将影像映射到特征空间，使影像空间不易区分的目

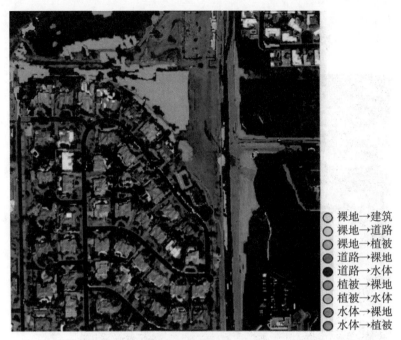

裸地→建筑
裸地→道路
裸地→植被
道路→裸地
道路→水体
植被→裸地
植被→水体
水体→裸地
水体→植被

图 5-44　处理后的变化检测结果（劳小敏，2013）

标在特征空间中得以区分。类似于此，面对在影像空间存在的变化检测困难，有专家提出空间变换的变化检测方法。具体思路是对影像数据进行空间变换，映射到特征空间中。有些在影像空间难以发现的特征会在特征空间中突出显现，由此可以简单、快速地发现并提取特征变化，进而检测出目标的变化，流程如图 5-45 所示。

图 5-45　空间变换变化检测方法流程

常用的空间变换比较法有主成分分析法、缨帽变换法、小波变换法、灰度共生矩阵法、M 变换法、Gramm-Schmidt 变换法等。

1. 基于主成分分析的方法

主成分分析（Principal Component Analysis，PCA）法是将影像的各波段信息看作相互影响的多个变量，其中很多变量有强相关性，通过正交变换进行去相关处理，使变换后的信息集中在几个正交的波段（变量）中，实现降维处理。对应的特征空间称为主分量空间。

主成分变换的基本原理如下：

$$Y_i = \boldsymbol{U} X_i \tag{5-12}$$

其中，$\boldsymbol{X} = \{X_i,\ i = 1,\ 2,\ \cdots,\ N\} \in \mathbb{R}^n$ 表示波段数为 N 的原始影像数据集合。$\boldsymbol{U}$ 为 $\boldsymbol{X}$ 的协方差矩阵，其特征向量按照特征值从大到小顺序排列。$\boldsymbol{Y} = \{Y_i,\ i = 1,\ 2,\ \cdots,\ N\} \in \mathbb{R}^n$ 为变换后的影像数据集合。

基于主成分分析的影像变化检测方法可以分为以下 2 种。

1）主分量差值法

对不同时相的影像分别进行主成分分析变换，确定主分量，使用主分量影像代替原始影像进行变化检测，再进行逆变换，确定发生变化的影像区域，实现变化检测。流程见图5-46。

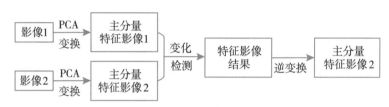

图 5-46　主分量差值分析法流程

2）差值主分量法

首先对原始多时相影像进行求差运算，得到差值影像；然后对差值影像进行主成分分析变换。一般认为，变化信息在影像中所占比例较小，不变信息在主分量中，变化信息在次分量中，因此使用次分量影像信息进行变化检测，再进行逆变换，确定发生变化的影像区域，实现变化检测。流程见图 5-47。

图 5-47　差值主分量分析法流程

许石罗等（2017）提出基于主成分分析与粒子群优化（PCA-PSO）的遥感影像变化检测方法。首先使用主成分分析法提取影像的主分量，构建主分量影像，求差得到主分量差异影像；再估算初始阈值，通过粒子群算法计算出最优的变化阈值；最后阈值分割得到变化结果。流程见图 5-48。

许石罗等（2017）将该方法与传统变化检测方法进行比较，检测结果比较见图 5-49，分类精度分析见表 5-4。该方法检测精度较高，具有一定的应用价值。

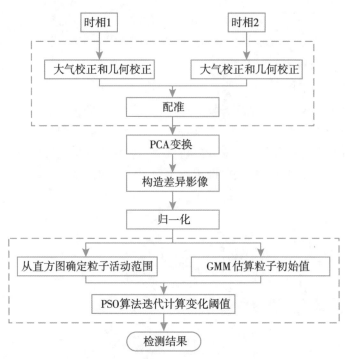

图 5-48　PCA-PSO 遥感影像变化检测流程图（许石罗等，2017）

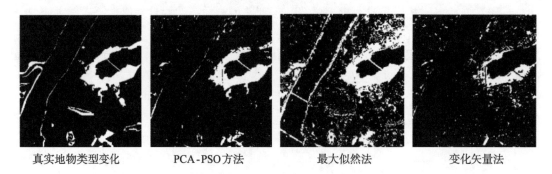

真实地物类型变化　　　　　PCA-PSO方法　　　　　最大似然法　　　　　变化矢量法

图 5-49　真实变化及不同方法检测结果图（许石罗等，2017）

表 5-4　　　　　　　　　不同方法检测结果精度对比（许石罗等，**2017**）

检测方法	总体精度/%	Kappa 系数
PCA-PSO	93.7	0.66
变化矢量分析法	90.9	0.47
最大似然法	83.6	0.44

　　基于主成分分析的变化检测方法，将主要信息集中在主分量上，可以消除影像数据之

间的相关性，减少冗余信息，有利于加快处理速度，提高变化检测效率，尤其是在处理高光谱影像以及大数据量影像时有较大优势。但经过主成分变换后，影像原有的光谱特征会被破坏，只能依赖几何、纹理等特征进行分析。基于主成分分析的变化检测方法关键在于准确选择能够表达目标变化信息的主要分量，并且选择合理的分割阈值。

2. 基于缨帽变换的方法

缨帽变换（Kauth-Thomas，KT 变换）原理与主成分分析方法相同，是一种特殊的主成分分析方法。KT 变换使用固定的三个分量进行影像变换，其变换系数是固定的，与影像无关。KT 变换的三个分量是亮度分量、绿度分量和湿度分量，这些分量能很好地区分植被和土壤的亮度信息。在 KT 变换的特征空间，随着植被生长，覆盖度逐渐增加，绿度分量上的信息逐渐增强，对应地，土壤被遮挡，其亮度分量信息逐渐减弱；当植物生长减弱，逐渐凋零时，覆盖度减少，其在绿度分量上的信息逐渐减少，亮度分量信息逐渐增强。

KT 变换同样消除了影像数据间的相关性，减少了数据量，提高了处理速度和效率。虽然变换系数保持不变，但对不同传感器获取的数据，其转换系数需要重新确定。KT 变换之后，影像原有光谱特征也会被破坏，相关信息不能使用。KT 变换也只能发现变化，不能给出变化类型。KT 变换法对辐射校正的要求很高，同时阈值也必须精确选择。

3. 基于 MAD 变换的方法

MAD 变换又称 M 变换，即多元变化检测（Multivariate Alteration Detection，MAD），是基于典型相关分析（Canonical Correlation Analysis，CCA）的空间变换变化检测方法，由 Allan A Nielsen 等（1998）提出。

与主成分分析变换一样，M 变换的目标是将多时相影像的差异影像投影到多个变量组成的特征空间中，并且使这些变量之间的相关性最小（通过典型相关分析的方法）。具体方法如下：

$$M = a^{\mathrm{T}} X^1 - b^{\mathrm{T}} X^2 \tag{5-13}$$

式中，M 为时相 1 影像 X^1 与时相 2 影像 X^2 之间的变化量（MAD 变元），a 和 b 为影像的线性变换系数向量矩阵。

M 变换实质上是把多时相多波段影像 X^1 与 X^2 之间的差异信息分配到互不相关的多个变量上，同时使差异信息的总和保持不变。M 变换中，各变量中信息量依序递减，且不同变量相互正交，反映了影像中不同的变化信息。M 变换的关键是将变化信息集中于排序较前的变量中。

朱攀等（2000）利用 M 变换实现了 NOAA/AVHRR 数据的变化检测，流程如图 5-50 所示。

实验结果表明 M 变换检测方法是可信的，它既最大限度地消除由影像波段之间相关性引起的噪声干扰，又能准确地检测出影像变化。

4. 空间变换比较法小结

除了上述方法外，在实践中还有一些其他空间变换变化检测方法。例如，独立成分分

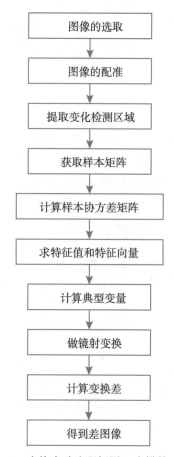

图 5-50　M 变换实验流程框图（朱攀等，2000）

析法（Independent Component Analysis，ICA），是对 PCA 方法的一种扩展，其目的是通过某种线性变换，将影像的各波段信息分配到相互独立的正交分量上；Gramm-Schmidt（GS）变换是一种常用的多维线性正交变换，其目的是将向量矩阵转化为标准正交向量矩阵。实践中通常将多波段遥感影像经过 GS 变换映射到几个正交的分量上，在这些分量上进行变化检测。另外，还有小波变换、傅里叶变换和 IHS 变换等方法。

　　空间变换变化检测方法将原始影像的多波段信息变换到新的分量上，减少了波段之间的相关性，突出在分量特征上的变化信息。不足之处在于，大多数空间变换变化检测方法需要基于经验和实验才能确定其可用性和适用性。空间变换变化检测方法没有进行分类，不能提供详细的变化类型信息，在具体应用中，参数需要反复调试才能正确设置。

5.3.4　视觉比较法

　　视觉比较法就是可视化的方法，将不同时相的影像数据可视化显示，通过对可视化影像进行反差增强、波段合成等处理，以突出亮度、纹理、色彩等视觉特征，最后采取观察比对的方式，人工勾画变化区域，标注变化类型，完成变化检测。主要方法有以下 3 种。

1. 假彩色合成法

将不同时相的图像合成为一幅彩色影像展示，影像中没有变化区域与变化区域会呈现不同色彩，人眼区分彩色的能力较强，这样就能够快速和准确地区分出变化区域。通常将不同时相的相同波段的信息分别赋以红、绿、蓝三种颜色，再将三个波段合成，形成假彩色图像，以突显变化信息。假彩色合成法能够同时显示两个或三个时相的变化情况，但不能定量表示变化程度，也无法分辨变化类型。

2. 波段替换法

波段替换法以后时相的影像信息替换前时相影像的某个波段数据，再以彩色显示，不仅实现了多时相信息的同时显示，还以不同色彩突显了变化信息。再人工判读，实现变化识别与提取。朱运海等（2007）以 TM 和 SPOT 影像为数据源，实现了波段替换法变化检测。首先对前时相的 TM 多光谱影像与 SPOT 全色影像进行影像融合，将融合影像分解为红、绿、蓝 3 个波段；然后将融合影像与后时相的 SPOT 全色影像进行精确配准，用后时相全色影像代替融合影像的红色波段，合成新的假彩色影像。

波段替换法根据背景色彩值情况选择融合影像中的替代波段，可以较好地突显变化信息，提高视觉效果。其缺点是替代和组合方式较多，需要多次试验才能确定最佳方案，运算量相对较大。

3. 交替显示法

交替显示法通过在显示器上交替显示经过配准的多时相影像数据，反复展示和比对亮度、边缘、纹理等可视信息，使作业员能够准确观测、识别和标记变化信息。

显然，视觉比较法是一种人机交互的变化检测方法，需要人工解译和标记变化信息，对作业员的经验和技能要求较高，主观因素较强，作业工作量大，工作效率较低，成果质量不稳定。

5.4　小结

如前所述，变化检测的方法有很多种，这些方法之间有的是数学方法不同，有的是数据源不同，还有的是处理步骤先后不同。目前值得重视的发展方向是智能计算方法的应用。

智能计算也称计算智能，是随着硬件计算能力的提升和相关理论的创新而出现并迅速发展的，为诸多领域的创新发展带来了强大助力。经过近些年的发展，智能计算发展了很多分支，出现诸多先进算法，主要包括神经网络、支持向量机、决策树算法、随机森林算法、粒子群算法、蚁群算法、遗传算法、模拟退火算法、进化算法、深度学习、知识发现、数据挖掘等。这些算法在遥感影像解译、分类和变化检测中都有广泛应用。在变化检测中使用智能计算主要包括先使用智能计算的方法分类，提高分类的精度和速度，再求差进行变化检测；先对原始影像（或特征影像）求差，再使用智能计算的方法对差异影像进行分类，将变化信息作为特定类别提取出来，完成变化检测。此外，智能计算还深入应用到数据预处理、阈值选择等环节，对提高变化检测的效率和精度发挥了重要作用。总的来说，应用智能计算提升变化检测能力的技术方法还处于摸索阶段，没有固定的流程和稳定可靠的结果，需要依赖多次试验，才能挑选出比较好的结果。

总体而言，变化检测方法之间并没有严格区分标准，很多方法和环节之间相互交叉、组合，产生新的改进方法。不同变化检测方法各有优缺点且有各自适用范围。多年来，众多学者对变化检测技术和方法进行了大量深入实践，普遍认为变化检测是一个复杂的综合处理过程，现有检测方法自动化程度偏低，且没有一种最优和普适应用的方法。

实践证明，变化检测结果受到数据类型、数据质量、地形地貌、地物特性、时空分布、检测方法、专家知识、作业员技术能力等诸多因素影响。想要找到一种通用普适的标准流程和固定方法是不可能的。通常根据先验知识，选择多种既有方法进行测试和比较，分析检测结果，挑选一种相对较优的方法。有时还需要对既有方法进行改造或综合使用几种不同的方法。总之，目前变化检测工作是一个反复测试、寻找最优方法的过程。

◎ 思考题

1. 简述图像差值法的基本原理及其优缺点。
2. 简述直接比较法与特征提取后比较法之间的区别与联系。
3. 绘图说明空间变换比较法的思路及一般流程。
4. 请设计一种基于多时相卫星影像数据检测植被变化的方法。说明选择的数据源，选择原因，画出变化检测流程图，说明变化检测的步骤，阐明关键技术。
5. 智能计算有哪些方法？请设计一种利用智能计算的变化检测方法，画出流程图，并解释各关键步骤及技术。

◎ 本章参考文献

[1] 卜丽静，寇可心. 基于资源三号数据的三维变化检测可行性研究 [J]. 测绘通报，2013（12）：31-35.

[2] 曾文华，黄桦. 基于网页信息检索的地理信息变化检测方法 [J]. 计算机应用，2010，30（4）：1132-1134.

[3] 佃袁勇，方圣辉，姚崇怀. 一种面向地理对象的遥感影像变化检测方法 [J]. 武汉大学学报（信息科学版），2014，39（8）：906-912.

[4] 范大昭，张永生，雷蓉，等. GIS 数据自动更新技术的研究 [J]. 测绘科学，2005，30（3）：15-17.

[5] 方圣辉，佃袁勇，李微. 基于边缘特征的变化检测方法研究 [J]. 武汉大学学报（信息科学版），2005，30（2）：135-138.

[6] 冯甜甜，王密，潘俊. 基于物方影像匹配的 DEM 聚类变化检测 [J]. 测绘信息与工程，2008，33（1）：35-37.

［7］ 宫鹏．数字表面模型与地形变化测量［J］．第四纪研究，2000，20（3）：247-251．

［8］ 郭仲伟．森林病虫害对植被特征参数与叶面积指数相关性的影响［D］．北京：中国科学院大学，2018．

［9］ 姜卫平，刘鸿飞，周晓慧，等．利用连续 GPS 观测数据分析水库长期变形［J］．测绘学报，2012，41（5）：682-689．

［10］ 劳小敏．基于对象的高分辨率遥感影像土地利用变化检测技术研究［D］．杭州：浙江大学，2013．

［11］ 李畅，王欢，李奇，等．GIS 数据辅助灾区影像平面扫描密集匹配及其三维变化检测［J］．武汉大学学报（信息科学版），2014，39（3）：295-299．

［12］ 李德仁，夏松，江万寿．基于正射影像匹配的地形变化检测与更新算法［J］．地理与地理信息科学，2006，9（6）：9-11．

［13］ 李德仁．利用遥感影像进行变化检测［J］．武汉大学学报（信息科学版），2003，28（S1）：7-12．

［14］ 刘丽，匡纲要．图像纹理特征提取方法综述［J］．中国图象图形学报，2009，14（4）：622-635．

［15］ 刘直芳，张继平，张剑清，等．基于 DSM 和影像特征的城市变化检测［J］．遥感技术与应用，2002，17（5）：240-244．

［16］ 梅树红，范城城，廖永生，等．结合光谱和纹理特征的林地变更检测［J］．测绘通报，2019（8）：140-143．

［17］ 彭代锋，张永军，熊小东．结合 LiDAR 点云和航空影像的建筑物三维变化检测［J］．武汉大学学报（信息科学版），2015，40（4）：462-468．

［18］ 邱亚辉，别伟平，薄志毅，等．基于 InSAR 的城市地下轨道交通沉降与灾害监测［J］．测绘通报，2020，515（2）：110-115．

［19］ 眭海刚，冯文卿，李文卓，等．多时相遥感影像变化检测方法综述［J］．武汉大学学报（信息科学版），2018，43（12）：1885-1898．

［20］ 许石罗，牛瑞卿，武雪玲，等．基于主成分分析与粒子群优化的遥感影像变化检测［J］．测绘科学，2017，42（4）：151-156．

［21］ 杨希，刘国祥，秦军，等．基于多时相遥感图像灰度差值法的地表变化检测［J］．测绘，2008，31（3）：99-103．

［22］ 张立福，王飒，刘华亮，等．从光谱到时谱——遥感时间序列变化检测研究进展［J］．武汉大学学报（信息科学版），2021，46（4）：451-468．

［23］ 张婉君．高分辨率 SAR 图像复数域变化检测方法研究与实现［D］．上海：上海交通大学，2014．

［24］ 周军其，薛存金，孙家抦．基于修正后直方图不变矩的符号图像变化检测［J］．武汉大学学报（信息科学版），2005，30（2）：150-153．

［25］ 周启鸣．多时相遥感影像变化检测综述［J］．地理信息世界，2011，9（2）：28-33．

［26］ 朱攀，廖明生，杨杰，等．M 变换在 NOAA/AVHRR 数据变化检测中的应用［J］．武汉大学学报（信息科学版），2000，25（2）：143-147．

[27] 朱运海, 张百平, 曹银璇, 等. 土地利用/覆被变化遥感检测方法与应用分析 [J]. 地球信息科学学报, 2007, 19 (3): 120-126.

[28] Nielsen A A, Conradsen K, Simpson J J. Multivariate Alteration Detection (MAD) and MAF Postprocessing in multispectral, bitemporal image data: new approaches to change detection studies [J]. Remote Sensing of Environment, 1998, 64 (1): 1-19.

[29] Lu D, Mausel P, Brondizio E, et al. Change detection techniques [J]. International Journal of Remote Sensing, 2004, 25 (12): 2365-2407.

[30] Vu T T, Matsuoka M, Yamazaki F. LiDAR-based change detection of buildings in dense urban areas [C] // 2004 IEEE International Geoscience and Remote Sensing Symposium. 2004.

[31] Jung F. Detecting building changes from multitemporal aerial stereopairs [J]. Isprs Journal of Photogrammetry & Remote Sensing, 2004, 58 (3/4): 187-201.

第6章 地理变化检测与分析案例

6.1 植被变化检测

6.1.1 目的及意义

地球表面陆地和海洋面积比约为 3∶7，作为陆地生态系统基本组成部分的植被，约占陆地表面积的 70%。植被通过光合作用进行固碳，实现物质和能量的转换，是现有复杂和庞大的生态系统的基础，为人类提供了丰富的生产和生活资源，维系着生命的存在和人类社会的发展。植被在生态系统中有重要的警示作用，生态系统中的任何变化必然在植被类型、数量或质量等方面有所反映，植被变化体现了人类生存环境变化。植被变化通过影响地表属性、水文过程、物质和能量循环等，对全球气候、生态系统乃至人类社会造成重大影响。作为全球物质循环和能量转化中的活跃因子，植被变化越来越受到科学家的关注。

植被变化检测已成为自然资源调查和地理变化研究的重要内容。持续系统性地监测植被变化，分析植被变化过程，探究其变化机理、机制和规律，对未来变化趋势和影响进行预测，有助于认识生态环境的历史、现状和演变过程，理解和模拟陆地生态系统的动态变化，提高预测、改变和适应环境变化的能力，加强对生态环境的利用和保护。

6.1.2 常用数据源

在生态环境研究中，植被变化是长时间、大范围、不均匀的过程，用于植被变化检测的数据源必须能够准确地反映上述特点。随着遥感影像信息种类不断增加，质量不断提升以及时序对地观测数据的不断积累，越来越多的遥感数据被用来进行植被变化检测研究。植被变化检测的常用遥感数据主要来自 AVHRR、MODIS、SPOT VGT、Landsat TM/ETM/OLI 等传感器。遥感影像的时间、空间和光谱分辨率决定着植被变化检测的质量，不同的分辨率下得到的检测结论可能完全不同（参考第 3 章和第 4 章所介绍的地理信息尺度有关知识），在选择遥感影像数据之前需要充分了解检测对象、检测目的以及遥感传感器和产品的特性和优缺点。表 6-1 是用于植被变化检测的常用传感器及参数。

表 6-1　　　　　　　　　　植被变化检测常用传感器及参数（王巨，2020）

传感器	时间跨度	空间分辨率	时间分辨率
NOAA/AVHRR	1982 年至今	1.1~8km	逐日、15 天
Terra/MODIS	2000 年至今	250m、500m、1km	逐日、8 天、16 天
SPOT-5/VGT	1998 年至今	1km	逐日、10 天
Landsat TM/ETM/OLI	1973 年至今	30m	16 天
ENVISAT/MERIS	2002 年至今	300m	1~3 天
AMSR	2000 年至今	25km	逐日
SeaWinds	1997—2010 年	25km	逐日

美国海洋和大气局（National Oceanic and Atmospheric Administration，NOAA）系列卫星上的 AVHRR 传感器，自 1981 年开始对地观测，拥有最长时间的对地观测记录。针对不同研究需求，NOAA 开发并发布了多套 AVHRR 序列产品，如 PAL（Pathfinder AVHRR Land）数据集、FASIR（Fourier-Adjustment，Solar zenith angle corrected，Interpolated Reconstructed）数据集、GIMMS（Global Inventory Modelling and Mapping Studies）NDVI 数据集、LTDR（Long Term Data Record）数据集等。由于 AVHRR 不是专门针对植被观测的传感器，存在由于缺少准确的大气校正方法、精确的定标处理以及几何纠正导致质量不高等不足。

相较于 AVHRR 的传感器，MODIS 在大气校正、几何纠正、辐射定标和空间分辨率上质量更高，更适合用于植被变化检测。但是 MODIS 发射较晚，对地观测时间较短，连续观测记录的时序长度较短，影响了其前期应用，常用于提取植被季节性变化信息。随着数据和产品的累积，2010 年之后 MODIS 数据已广泛用于检测和分析植被的长期变化情况。

Landsat 影像空间分辨率较高，且具有较长时间连续地表观测记录，常用于检测环境复杂，变化剧烈区域的植被变化情况。但 Landsat 卫星平台重复周期较长（16 天），获取同一地区的同时相影像比较困难，且受到太阳光照、云及大气环境等的影响，缺少高质量影像，给植被变化检测带来了不利影响。随着影像获取、数据处理、多源遥感信息融合等技术的发展，近年来，越来越多的 Landsat 系列影像生产和发布的产品被应用于植被变化检测。

6.1.3　常用方法

随着遥感技术的出现和发展，植被变化检测开始大量使用遥感影像。受到数据量和采样频率限制，早期遥感影像通常只能提供两个或者间隔时间较长的几个时相的地表植被信息，常用方法是基于双/多时相影像光谱差异的方法进行变化检测。相比传统野外调查的方法，遥感变化检测技术显著提高了检测效率和整体质量。但是早期基于双/多时相影像的变化检测技术，由于采样间隔较大，没有得到连续的时序观测数据，植被变化过程中的短时扰动和突变很难被及时捕捉，无法分析植被长期精细的变化过程。

随着高精度、短重复周期的遥感影像大量出现，利用长时间序列遥感影像提取植被参数检测，监测其变化过程，检测其变化程度，分析其变化影响，成为植被变化检测的重要方式。

使用遥感影像检测植被变化通常是采用特征比较法，就是从影像中提取反映植被生长状况的参数（指标），然后对这些参数（指标）的变化情况进行检测，得到植被的变化情况。常用的关键参数有叶面积指数（Leaf Area Index，LAI）、光合有效辐射分量（Fraction of Photosynthetically Active Radiation，FPAR）、净初级生产力（Net Primary Productivity，NPP）、植被覆盖度（Fractional Vegetation Cover，FVC），发展出来的植被指数超过40种，包括归一化植被指数（Normalized Difference Vegetation Index，NDVI）、比值植被指数（Ratio Vegetation Index，RVI）、环境植被指数（Environmental Vegetation Index，EVI）、土壤调整植被指数（Soil Adjusted Vegetation Index，SAVI）等。

随着高光谱遥感的发展和深度学习技术的发展，越来越多的研究者开始利用高光谱影像丰富的光谱信息，更精细、准确地反演植被生化参数，利用深度学习等方法获得更加精准的植被变化检测成果。

6.1.4 案例

基于高分叶面积指数时序估算，进行塞罕坝地区植被变化检测。

1. 研究区域

研究区域位于河北省承德市塞罕坝地区，经纬度范围为 116.78°—117.65° E，42.06°—42.60°N，平均海拔 1500m，寒温带大陆性季风气候特点明显，夏季平均温度在 20℃左右。该区域地处典型的人工森林地带，植被种类丰富（图 6-1）。

2. 实验数据

（1）地面实测数据：遥感科学国家重点实验室于 2018 年 6 月至 9 月期间在小滦河流域开展了复杂地表碳循环遥感综合试验，获取了试验区 LAI 地面测量数据，测量目标包括林地（樟子松、落叶松、白桦）、草地等。测量采用 25m×25m 的样方，每个样方取 5 个采样点均匀采样，用 5 个采样点的平均值代表样方的 LAI 测量值，并记录标准差。共采集了 70 个样点的 LAI 值，值域分布在 0~7，地面实测 LAI 数据用于构建高分辨率 LAI 估算模型。同时获取研究区 2000—2018 年的降水和森林砍伐量数据，用以分析和验证森林变化原因和结果。

（2）Landsat 影像数据：Landsat 影像数据来源于美国地质调查局网站，Level-2 影像数据 222 景，包括 TM 1~5 和 7 波段，ETM+ 1~5 和 7 波段，OLI 1~7 波段，其中 TM 影像 119 景，ETM+影像 63 景，OLI 影像 40 景，所有数据均已经过大气校正且均匀分布在 5—10 月，保证每年至少有 6 景可用影像。为了去除云的影响，对 Landsat 影像进行去云处理，建立云污染影像与邻近日期影像中清晰像元反射率值之间的线性回归关系，利用回归关系实现像元值的映射，最终获得消除云影响的空间完整的高分辨率观测数据。2018 年的 OLI 数据用于与实测数据匹配建模，构建 30m 分辨率 LAI 估算模型；2000—2018 年获

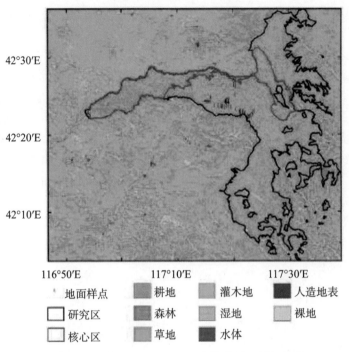

图 6-1   研究区 2010 年 GlobeLand30 地表分类图（周红敏等，2021）

取的 TM/ETM+/OLI 数据用于时序 LAI 估算模型的输入，反演高分辨率 LAI。不同传感器之间的波段不一致，利用波段转换系数将 TM 和 ETM+传感器的 1~5 和 7 波段转换为 Landsat 8 传感器的 1~7 波段，以备后续 LAI 估算。

（3）MODIS LAI 数据：MODIS 数据为 MCD15A2H 06 版本的 LAI 数据集。该 LAI 数据集为正弦投影，空间分辨率为 500m，时间分辨率为 8 天，分别由主算法（质量控制<64）和备用算法（64≤质量控制≤128）生成。主算法使用三维辐射传输模型，用 8 天内 Terra 和 Aqua 采集的影像作为输入数据。备用算法是基于 LAI 和归一化植被指数（NDVI）的回归关系来计算的。受大气的影响，MODIS 红光波段反射率值可能偏高，从而使部分主算法得到的 LAI 值偏低，多步 S-G 滤波能够有效解决这一问题。S-G 滤波是一种基于曲线局部特征的多项式拟合方法，使用最小二乘法确定加权系数进行移动窗口加权平均，滤波后的数据能够很好地保留局部特征（Jonsson et al.，2002）。对 MODIS LAI 数据进行多步S-G滤波后得到时间序列 LAI 背景场，LAI 背景场描述了一年内 LAI 的总体变化趋势，根据 LAI 背景场可以构建 LAI 随时间变化的动态模型，用于时间序列 LAI 的短期预报。

3. 实验方法

发展融合 MODIS LAI 和 Landsat 数据的时序 30m 空间分辨率 LAI 同化估计方法，基于地面实测 LAI 数据与 Landsat 反射率数据构建 30m 空间分辨率 LAI 反演方法；利用多步 S-G滤波算法对 MODIS 时间序列 LAI 数据进行平滑处理，得到时间序列 LAI 的上包络曲线，用以生成数据同化的背景场，并基于 LAI 背景场构建 LAI 随时间变化的动态模型；结合动态模型预报值和 Landsat LAI 值估算时间序列高分辨率 LAI。最后利用 Prophet 模型对时序 LAI 进行模拟和预测，利用支持向量机方法检测植被扰动。

4. 变化检测

LAI 区域均值在一定程度上反映了区域植被整体长势情况，年最大值反映了该年植被的长势情况，为了检测研究区植被多年变化状况，使用 LAI 区域均值在一年中的最大值来反映研究区内植被在该年的生长状况。图 6-2 给出核心区和非核心区 LAI 年最大值的变化曲线，从图 6-2 可以看出，核心区的植被长势在整个研究期均优于非核心区。在 2009—2010 年以及 2013—2015 年，LAI 值有两次大的波动，且都明显低于其他年份，说明在这些年份中，研究区内植被生长受到干扰。

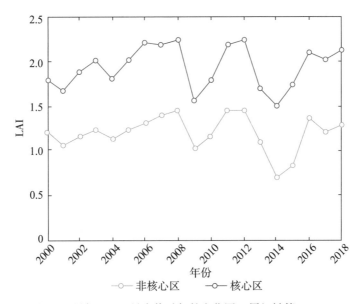

图 6-2　研究区 LAI 最大值随年份变化图（周红敏等，2021）

为了更加准确地检测出研究区植被受干扰的年份以及受干扰的区域，使用 EnKF（Ensemble Kalman Filter）估算的 2000—2018 年时间序列 LAI 数据，基于 Prophet 预测模型对整个研究区进行变化检测。图 6-3 给出研究区 2004—2018 年的干扰检测结果图，红色区域为受干扰区域，绿色区域为植被正常生长区域。从图 6-3 可见，2009 年、2010 年、2013 年、2014 年、2015 年共 5 个年份受干扰的区域多，植被生长受干扰严重，与图 6-2 中的分析结果相一致。

进一步分析造成这些年份塞罕坝林区受干扰程度加剧的主要原因，考虑人工砍伐、温度和降水对森林扰动的影响，其中在研究时段内塞罕坝地区年平均温度变化不显著，因此重点讨论人工砍伐和降水的影响。图 6-4 和图 6-5 分别给出塞罕坝林区 2004—2018 年砍伐量、平均降水量与扰动面积的变化柱状图。在 2008 年及之前，塞罕坝林区砍伐量较小，

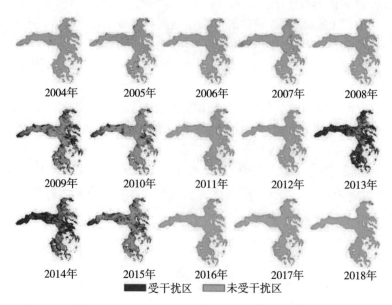

图 6-3　研究区 2004—2018 年的干扰监测结果图（周红敏等，2021）

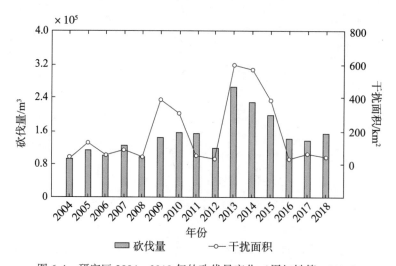

图 6-4　研究区 2004—2018 年的砍伐量变化（周红敏等，2021）

且保持较为稳定的水平，2009 年砍伐量有了较为明显的提升，较前 5 年平均高出约 38000m³，森林砍伐是 2009 年扰动的重要原因；结合气象资料表明，2009 年与 2010 年，该地区生长季降水量较往年均值低，降水缺乏是造成 2009 年和 2010 年森林扰动的另一个重要因素。塞罕坝林区受干扰的另一个时间段发 2013—2015 年，从图 6-5 可以看出，这些年份塞罕坝地区受干扰极其严重，图 6-2 的统计数据也显示 2013—2015 年 LAI 年均值显著下降。从砍伐数据（图 6-4）可以看出，2004—2012 年塞罕坝林区平均砍伐量为

121386m³，而 2013 年砍伐量激增至 264719.5m³，是往年均值的 2 倍多，之后的两年砍伐量也保持较高的水平。大量的砍伐破坏了森林结构，是造成塞罕坝林区 2013—2015 年受干扰现象加剧的主导因素，这一状况直到 2016 年才得以恢复。

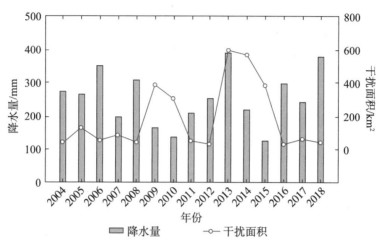

图 6-5 研究区 2004—2018 年生长季降水量变化（周红敏等，2021）

6.2 水域变化检测

6.2.1 目的及意义

水是地球最重要的构成要素之一，是非常珍贵的自然资源。水资源也是生态环境优劣和可持续发展的决定性因素之一，水域面积与水质都是生态环境研究的重点内容。水资源监测是关乎社会发展、城镇规划、环境保护的自然资源调查与监测的重要内容，也是遥感变化检测研究和应用的重要领域。通过对水资源、水域、流量等的变化检测，能够掌握水资源变化、水环境污染、用水规模及合理性，以及防汛抗旱等情况，为相关规划及行动提供支撑。

6.2.2 常用数据源

目前用于水体变化检测的数据源有多时相的多光谱影像、高光谱影像以及 SAR 影像等。多光谱数据和高光谱影像一般由机载与星载的传感器获取。随着相关硬件及软件技术发展，有研究利用可见光波段的无人机影像进行水体变化检测，充分利用无人机影像超高分辨率的特性，借助纹理特征提取水体。

水体在红外波段具有强吸收性，大多数水体指数都结合了红外波段来计算，所以用于水体提取的影像数据通常需要有近红外波段信息。常用数据源有以下 5 种。

1. Landsat 4、Landsat 5 卫星 TM 影像

TM 影像是由 Landsat 4、Landsat 5 卫星装备的专题制图仪（Thematic Mapper，TM）获取的多光谱影像数据。TM 影像共有 7 个波段，用于水体探测的波段主要包括以下 5 个。

TM1（蓝波段）：$0.45 \sim 0.52 \mu m$，该波段水体衰减系数最小，对水体的穿透力最大。它可以用来计算水深，研究水下地形和水体浑浊度。

TM2（绿波段）：$0.52 \sim 0.60 \mu m$，该波段对植物反射敏感，对水体具有一定的穿透力，可用于区分水体与植被。

TM4（近红外波段）：$0.76 \sim 0.90 \mu m$，水体在该波段具有强吸收性，植被在该波段具有强反射性，可以结合其他波段构成水体指数以提取水体。

TM5（短波红外波段）：$1.55 \sim 1.75 \mu m$，位于两个水体吸收带之间，信息量大，使用率较高。

2. Landsat 8 卫星的成像光谱仪数据

Landsat 8 卫星重访周期短，覆盖范围大，具有较高数据的重访能力，能够提供较高时间分辨率的多幅水体影像，广泛应用于水体监测与评估。

Landsat 8 卫星装备了 OLI 陆地成像仪和 TIRS 热红外传感器两种传感器。与 Landsat 系列其他传感器相比，Landsat 8 新增了 Band 1 蓝色波段（$0.433 \sim 0.453 \mu m$），主要针对海岸带观测。

3. 高分系列卫星

我国的高分专项已经发射了多颗携带不同类型传感器的高分辨率遥感卫星。其中高分一号、高分二号、高分五号、高分六号都携带了多光谱甚至高光谱传感器，都能够用于水体提取。

高分一号（GF-1）卫星搭载的传感器能够获取全色分辨率 2m、多光谱分辨率 8m 的影像，此外还搭载了 16m 分辨率的宽幅相机，幅宽 800km。具体参数如表 6-2 所示。

表 6-2　　　　　　　　　　　　　高分一号卫星参数

参数		高分相机		宽幅相机
光谱范围	全色	$0.45 \sim 0.90 \mu m$	全色	—
	多光谱	$0.45 \sim 0.52 \mu m$	多光谱	$0.45 \sim 0.52 \mu m$
		$0.52 \sim 0.59 \mu m$		$0.52 \sim 0.59 \mu m$
		$0.63 \sim 0.69 \mu m$		$0.63 \sim 0.69 \mu m$
		$0.77 \sim 0.89 \mu m$		$0.77 \sim 0.89 \mu m$
空间分辨率	全色	2m	全色	—
	多光谱	8m	多光谱	16m

续表

参数	高分相机	宽幅相机
幅宽	60km（2 台相机组合）	800km（4 台相机组合）
重访周期（侧摆时）	4 天	—
覆盖周期（不侧摆时）	41 天	4 天

高分二号（GF-2）卫星，搭载全色分辨率优于 1m、多光谱分辨率优于 4m 的高分辨率相机，具体参数如表 6-3 所示。

表 6-3　　　　　　　　　　　　　　　高分二号卫星参数

参数	全色/多光谱相机	
光谱范围	全色	0.45~0.90μm
	多光谱	0.45~0.52μm
		0.52~0.59μm
		0.63~0.69μm
		0.77~0.89μm
空间分辨率	全色	0.8m
	多光谱	3.2m
幅宽	45km（2 台相机组合）	
重访周期（侧摆时）	5 天	
覆盖周期（不侧摆时）	69 天	

高分五号（GF-5）卫星，是中国第一颗民用高光谱观测卫星，高光谱相机能够达到 10m 影像分辨率，用于水体提取的传感器主要有可见短波红外高光谱相机和全谱段光谱成像仪，具体参数如表 6-4 所示。

表 6-4　　　　　　　　　　　　　　　高分五号卫星参数

参数	全谱段光谱成像仪（VIMS）	可见短波红外高光谱相机（AHSI）
光谱范围	0.45~0.52μm	0.4~2.5μm
	0.52~0.60μm	
	0.62~0.68μm	
	0.76~0.86μm	
	1.55~1.75μm	
	2.08~2.35μm	

续表

参数	全谱段光谱成像仪（VIMS）	可见短波红外高光谱相机（AHSI）
光谱范围	3. 50~3. 90μm	0. 4~2. 5μm
	4. 85~5. 05μm	
	8. 01~8. 39μm	
	8. 42~8. 83μm	
	10. 3~11. 3μm	
	11. 4~12. 5μm	
空间分辨率	20m（0. 45~2. 35μm）	30m
	40m（3. 5~12. 5μm）	
幅宽	60km	60km
重访周期	51 天	

高分六号（GF-6）卫星是高分一号卫星的后继，是一颗全色 2m 分辨率、多光谱 8m 分辨率的普查卫星，具体参数如表 6-5 所示。

表 6-5 高分六号卫星参数

参数	高分相机		宽幅相机	
光谱范围	全色	0. 45~0. 90μm	全色	—
	蓝	0. 45~0. 52μm	B1	0. 45~0. 52μm
	绿	0. 52~0. 60μm	B2	0. 52~0. 59μm
	红	0. 63~0. 69μm	B3	0. 63~0. 69μm
	近红外	0. 76~0. 90μm	B4	0. 77~0. 89μm
	—		B5	0. 69~0. 73μm（红边Ⅰ）
	—		B6	0. 73~0. 77μm（红边Ⅱ）
	—		B7	0. 40~0. 45μm
	—		B8	0. 59~0. 63μm
空间分辨率	全色	2m	全色	—
	多光谱	8m	多光谱	≤16m（不侧摆视场中心）
幅宽	≥90km		≥800km	
重访周期	4 天（和 GF-1 组网后：2 天）			

4. 无人机影像

目前无人机影像已经广泛应用于水利部门，主要进行中小范围的高分辨率水体信息快速获取及监测。无人机影像空间分辨率高，但一般只有红绿蓝三个波段，不含红外波段信息，通常利用灰度和纹理等特征提取水体和变化检测。

5. 合成孔径雷达

SAR 技术是主动遥感，成像不依赖于光照，而且微波频段能够穿透云层，所以 SAR 传感器可以不受气候条件、光照条件的限制，提供全天候、全天时的遥感影像，得到时间上更为连续的地表信息。SAR 数据多用于多云阴雨天气为主的洪涝灾害时期检测洪水变化。

6.2.3 常用方法

一般采用先分类再检测的方法，其技术关键是利用遥感手段提取与监测水域的技术。

在遥感影像中，水体在绿光波段具有较强的透射性，在近红外波段具有较强的吸收性。水体指数法通过绿光及近红外波段信息的组合运算，增强水体与地类的差别，达到突出水体，方便识别的目的，是常用的遥感手段提取水体的方法。主要的水体指数有：归一化水体指数（NDWI）、改进的归一化水体指数（MNDWI）、增强水体指数（EWI）等。

NDWI 的值为影像像素在两个波段上的灰度值做差再除以灰度值之和。公式如下：

$$NDWI = \frac{G - NIR}{G + NIR} \tag{6-1}$$

式中，G 为可见光绿波段的观测值；NIR 为近红外波段的观测值。当 NDWI 满足一定阈值时，判断该地物为水体。

MNDWI 利用中红外波段代替 NDWI 中的近红外波段，可提取城镇水体，比 NDWI 应用范围更广。但 MNDWI 不易区别阴影，在平原区域效果较好。计算公式如下：

$$MNDWI = \frac{G - MIR}{G + MIR} \tag{6-2}$$

式中，G 为可见光绿波段的观测值；MIR 为中红外波段的观测值。当 MNDWI 满足一定阈值时，判断该地物为水体。

EWI 使用了可见光绿波段、近红外波段和中红外波段的数据。实践中有专家指出，EWI 能够比较有效地区分半干旱地区的半干涸河道与背景噪声，然而此方法在非干旱地区效果并不理想（闫霈等，2007）。计算公式如下：

$$EWI = \frac{G - NIR - MIR}{G + NIR + MIR} \tag{6-3}$$

CIWI（Combined Index of NDVI and NIR for Water Body Identification）由 NDVI 加上近红外波段与近红外波段均值的比值之和组成，这一指数中，水体保持在低值区，城镇处于高值区，而植被介于两者之间，对城镇与非城镇地区水体都有较好的提取效果。计算公式如下：

$$\text{CIWI} = \text{EWI} + \tau \tag{6-4}$$

式中，τ 为近红外波段与近红外波段均值之比。

除了水体指数之外，还有水域提取的遥感技术方法，对于不含红外波段的遥感影像，无法利用水体指数提取水体，可以利用灰度纹理等其他特征提取水体，监测变化。还有面向对象的水体提取方法，首先使用面向对象的遥感分类技术，将影像分割成具有相似特征（结构、纹理、形状等）的同质区域（图斑）；再对这些图斑类别进行判断，得到水体信息。

6.2.4　案例

本节介绍一种基于高分辨率遥感影像面向对象的水域变化检测方法。由于高分辨率影像中，相邻且不同种类的地物光谱存在较大的相关性，基于像元的地物提取方法没有充分考虑这些相关性，因此传统基于像元的变化检测方法在对高分辨率遥感影像进行变化检测时，效果不理想。面向对象的方法则考虑到相邻像元的相关性，采用具有覆盖一定面积的纹理、光谱、结构等信息一致的图斑进行分析，效果相对较好。本案例首先利用基于边缘检测的分割方法得到图斑，再对这些图斑进行分类，得到水体区域，最后将不同时相的水体区域进行叠加计算，得到变化范围，计算水域变化面积。

1. 研究区域及数据

实验区为湖北省咸宁市嘉鱼县的三湖连江水库和位于崇阳县城西南 10km 处的青山镇的青山水库。连江水库汇水面积 30.64km²，水库面积 14.4km²，总库容 $1.04×10^8\text{m}^3$，控制库容为 $8.224×10^7\text{m}^3$，有效库容 $5.650×10^7\text{m}^3$。青山水库位于崇阳县城西南 10km 处的青山镇，水库平均水面 18km²，总库容 $4.48×10^8\text{m}^3$，年均来水量 $3.72×10^8\text{m}^3$，具有防洪、发电、灌溉、航运、养殖等综合效益。

数据源选取高分一号 2m 分辨率全色影像和 8m 分辨率多光谱影像。

2. 数据预处理

首先对原始影像进行预处理。预处理包括辐射校正、几何校正、影像拼接和基于目标区域的影像裁剪。由于分辨率不一致，需要对影像进行大小调整，得到大小一致的前后两个时相的影像。再采用半梯度算子小波融合方法（HG-MF），融合全色和多光谱影像，提高影像分辨率。

融合后的双时相影像如图 6-6 和图 6-7 所示。

3. 实验方法

面向对象的水体变化检测方法主要分为以下四个步骤：影像分割、采集训练样本、SVDD 单分类器水体提取、水体变化比较。其中关键技术是基于边缘检测的影像分割方法和 SVDD 分类算法。

（1）利用基于边缘检测的影像分割方法对融合后影像进行分割。

本案例选择基于边缘检测的影像分割方法。边缘检测的原理是利用影像中不同地物边

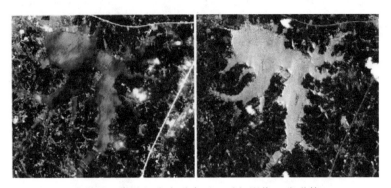

图 6-6　嘉鱼县三湖连江水库融合后双时相影像（张曦等，2020）

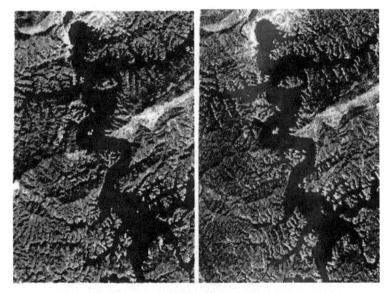

图 6-7　崇阳县青山水库融合后双时相影像（张曦等，2020）

界灰度等特征变化剧烈的特点，利用一些算法能够突出这些特征，准确提取地物边界。目前有许多成熟边缘检测算法，比如 Sobel、Prewitt、Roberts、Canny 算子等，检测出地物边界，连接边界线即可完成不同对象的分割。

（2）SVDD 单分类器。

支持向量数据描述 SVDD（Support Vector Data Description）是一种单值分类算法，能够实现目标样本和非目标样本的区分。SVDD 主要思想是通过非线性映射将原始训练样本，映射到高维特征空间；然后在特征空间中寻找一个包含全部或大部分训练样本且体积最小的超球体；如果新样本点在特征空间中落入该超球体内，则该样本被视为一个正常点，否则该新样本被视为一个异常点。由此将样本分为两类。相比支持向量机（Support Vector Machine，SVM）和其他机器学习方法，SVDD 算法训练效率更高，更适用于高分辨率影像这种大数据集的分类。

在本案例中使用 SVDD 分类器将分割后的图斑分成水体和非水体两类。

4. 实验结果

实验选取 17405 个水体样本，用 SVDD 分类器进行训练，得到最优超球体分类提取水体部分（图 6-8）。

（a）时期 1 水库提取结果　　　　　　（b）时期 2 水库提取结果

图 6-8　水库提取结果（以三湖连江水库为例）（张曦等，2020）

最后根据分类后的水体，进行不同时期水库的变化检测，得到图 6-9 和图 6-10 所示的结果。

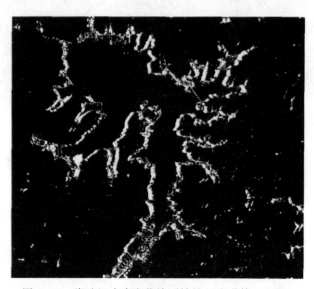

图 6-9　三湖连江水库变化检测结果（张曦等，2020）

计算变化区域的面积，三湖连江水库两期影像变化了 3.5103km²，青水库两期影像变化了 5.1539km²。

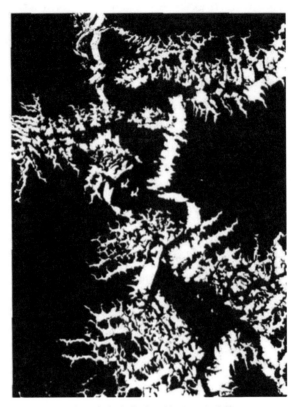

图 6-10 青山水库变化检测结果（张曦等，2020）

6.3 耕地变化检测

6.3.1 目的及意义

耕地资源是人类最基本、最重要的生产资料之一，耕地的数量及质量以及耕地的利用强度，对国民经济的发展具有重大影响。改革开放以来，中国社会经济发展迅速，与此同时，越来越多的开发和建设活动加剧了耕地流失，导致我国耕地面积和质量的不断下降。我国耕地资源的数量、质量与经济和社会需求相比差距巨大。我国实施了最严格的耕地资源保护政策，加强耕地资源的监测和管理工作，有效地保护耕地面积，对我国社会经济顺利发展至关重要。

使用遥感技术能够准确及时地获取耕地的变化信息，定量地分析和确定耕地面积、状况的变化过程及特征。以耕地为检测对象的遥感变化检测及分析技术，能够实现耕地面积调查和监测、耕地土壤状态监测、农业估产、农业环境评价等应用，对发展精准农业、辅助土地规划、确保耕地红线、促进农业和社会可持续发展等具有重要意义。

6.3.2　常用数据源

耕地的变化检测中常用到的是光学影像数据。早期耕地变化检测主要采用 NOAA/AVHRR 的数据实现。AVHRR 提供多种可以用于耕地变化检测的地表覆盖产品，有从 1979 年开始的全球地表覆盖产品（Global Area Coverage，GAC），分辨率为 4km；从 1985 年开始的区域地表覆盖产品（Local Area Coverage，LAC），分辨率为 1.1km，不同的年份具有不同的覆盖区域；从 2007 年 5 月开始提供的全分辨率地表覆盖产品（Full Resolution Area Coverage，FRAC），可以获得分辨率为 1.1km 的 AVHRR 影像数据。由于空间分辨率较低，该数据一般用来检测面积较大的区域。

目前，MODIS 和 Landsat 是耕地变化检测的主要遥感影像数据源。MODIS 时间序列具有低空间分辨率、高时间分辨率的特点，Landsat 时间序列具有高空间分辨率、低时间分辨率的特点。两种数据各有优缺点，适用范围也有所差别，例如 Landsat 空间分辨率较高，但较长的重访周期限制了其在云雨频繁的热带、亚热带地区检测短期变化的能力，而 MODIS 数据通过对短期内时序影像进行融合能够较好地去除云、阴影等。为了弥补两种数据的不足，学者提出了多种时空融合算法，如通过影像融合模型将 MODIS 时间序列数据和 Landsat 影像融合，获取高时间分辨率的 Landsat 时间序列。

除了上述遥感数据源外，SPOT-5、IKONOS、GF-2 等高分辨率卫星数据以及无人机数据也提供了高质量的数据源，可用于中短期时间序列耕地变化检测与更新。例如，刘纪远等（2018）利用 Landsat、高分卫星遥感影像和人机交互式解译方法获取土地利用数据，实现了中国 2010—2015 年土地利用变化的遥感动态监测。

6.3.3　常用方法

耕地变化检测是经典的变化检测内容和目标，几乎所有的变化检测方法都能够直接或间接地应用于耕地变化检测，相关的研究和实践也很多。

比较实用的方法是先分类再检测的方法，首先从多时相影像中分类得到高精度的耕地信息，再进行叠加比对，获取变化信息。

还有基于长时间序列的耕地变化检测方法，通过检测时间序列影像的异常扰动，分析变化趋势，得到耕地变化信息。长时间序列的耕地变化检测技术可以检测耕地的季节性变化、趋势性变化。

6.3.4　案例

本节介绍一种融合 Landsat 数据与 MODIS 数据，运用长时间序列变换检测算法 BFAST（Breaks for Additive Season and Trend）与随机森林分类器相结合的方法，对 2001—2018 年间衡阳地区耕地进行了时空动态变化的检测及特征规律描述的案例。该案例提出的方法能够有效检测耕地相关的土地覆盖变化并能够提供变化类型的信息。

1. 研究区域

选取湖南省衡阳市作为研究区，该地区位于分布众多丘陵、台地和河谷盆地的湘中丘陵地区（图6-11），海拔在500m以下，气候属于中亚热带季风湿润气候。衡阳的主要粮食作物为水稻、小麦以及豆类等，经济作物以油料作物为主，也是蔬菜作物的重要产地。

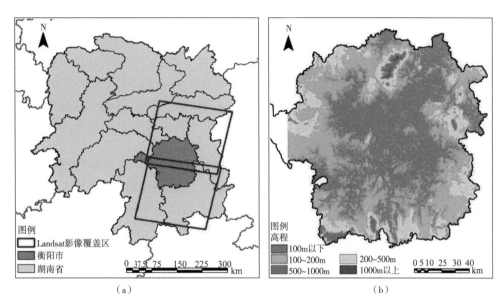

图 6-11　衡阳市地理位置及 DEM（于淼，2020）

2. 数据选取及预处理

本案例使用的遥感数据源主要有 Landsat 系列卫星数据、MODIS 的植被指数产品、GoogleEarth 高分辨率影像以及 DEM 数据，具体数据参数如表 6-6 所示。

表 6-6　　　　　　　　　　主要遥感数据集及简介（于淼，2020）

数据集		空间分辨率	时间跨度	数据来源
Landsat	Landsat 5 TM	30m	2001—2012 年	https：//earthexploer. usgs. gov/
	Landsat 7 ETM+		2001—2018 年	
	Landsat 8 OLI		2013—2018 年	
MODIS	MOD13Q1	250m	2001—2018 年	https：//ladsweb. modaps. eosdia. nasa. gov/
高分辨率影像	Google Earth	—	2001—2018 年	Google Earth 桌面
DEM	ASTER GDEM	30m	—	https：//www. gscloud. cn/

3. 实验方法

对影像数据进行预处理，重建月度 Landsat NDVI 时间序列。首先获取实验区范围内所有 Landsat 5 TM、Landsat 7 ETM+以及 Landsat 8 OLI 的 L1T 级影像，统一进行辐射校正、几何校正和影像裁剪镶嵌。接着采用 QA 波段对研究区影像进行批量去云处理，并采用 NSPI（Neighborhood Similar Pixel Interpolator）算法对部分 Landsat 7 ETM+数据进行条带插补。最后对 Landsat 表面反射率产品进行波段运算，得出空间分辨率为 30m 的 NDVI 时间序列。由于 Landsat 影响去云、去条带之后造成了部分月份的数据缺失，对于数据缺失月份，选取研究区内云量较低、数据质量较好的 MOD13Q1 数据对，进行镶嵌裁剪和重采样处理后，采用 ESTARFM（Enhanced Spatial and Temporal Adaptive Reflectance Fusion Model）算法对 Landsat NDVI 与 MODIS NDVI 影像数据进行融合，预测 Landsat 缺失月份的植被特征，最终得到 2001 年 1 月至 2018 年 12 月间空间分辨率为 30m 的月度 NDVI 数据集共 216 景。

在像元尺度上，对 216 个时相影像构成的高时空分辨率的 NDVI 时间序列采用 BFAST 算法进行加性的季节趋势分解，通过基于残差的最小二乘法进行断点检测。由于 BFAST 算法只能检查像元 NDVI 时间序列是否出现断点，而不能识别类型，将 BFAST 得到的 9 个参数作为随机森林的输入，将土地覆盖类型分为 8 类，生成所有时相的土地利用覆盖概率图，提取各时相的农田掩膜，并对其变化时间、空间位置、变化类型进行时空动态特征描述。

4. 结果分析

基于分层抽样法，选取 1000 个有效像元，进行 BFAST 算法精度验证。整体检测精度为 80.2%，表明 BFAST 算法能很好地捕捉到与耕地相关的变化。采用随机选择的 5848 个参考像素评估随机森林（RF）分类的精度，8 类土地覆盖分类的总体精度和 Kappa 系数分别为 84.17%和 0.8163，结果表明 RF 分类器能够较好地对衡阳地区土地覆盖类别进行分类。

图 6-12、图 6-13 分别是耕地转入、转出时间分布图，结果表明衡阳市的中心城区发生了较为明显的扩张，同时城镇化的影响也使得城镇用地的分布更为集中连片。耕地转出的时空动态结果显示，2010 年之后，发生了大面积的耕地转出，且距离城镇居民点近的地区为转出热点区域，表明城镇化进程中明显出现城镇用地占用耕地的现象。耕地转入的时空动态结果显示，2002 年到 2005 年，祁东县与衡阳县出现了大面积的耕地扩张，2012 年之后，常宁市与耒阳市出现了集中连片的耕地扩张，且耕地扩张呈现由低海拔的平原地区向海拔较高的丘陵地区扩张的趋势。变化检测结果显示衡阳市在城市化进程中，出现了牺牲耕地的现象，以及由森林像元转化成耕地像元的现象。

该研究表明在耕地的变化检测中采用融合的遥感时间序列数据能有效地描述耕地长时序时空动态变化特征，为涉及作物精细分类的土地覆盖变化检测研究提供了新的研究思路。

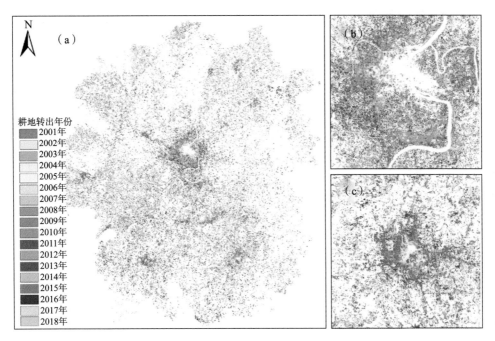

图 6-12　耕地转入时间分布

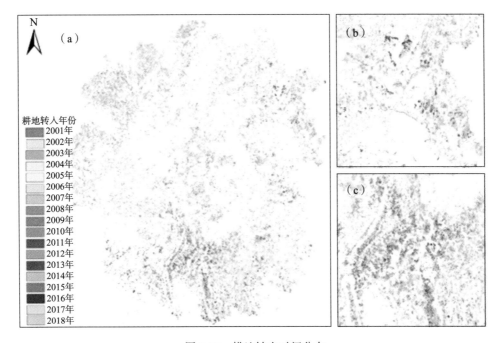

图 6-13　耕地转出时间分布

6.4　城市变化检测

6.4.1　目的及意义

城市是人类社会、经济、文化、政治等活动的中心。随着城市化的发展，其变化日新月异。及时掌握和发现城市化发展和趋势，以更好地利用和开发城市土地，是各级城市规划、国土管理等政府部门关注的热点问题。

遥感城市变化检测技术可以准确、有效地开展城市建设及发展的变化检测与分析，提供高可信度、高精度和高现势性的城市三维变化信息，对于把握城市发展动态，统筹规划城市建设，管理城市，具有重要价值和意义。

6.4.2　常用数据源

目前用于城市变化检测的遥感影像数据主要是具有较高空间定位精度、空间分辨率和时间分辨率的高分卫星遥感数据、SAR 卫星数据、Landsat 影像、航空影像数据和无人机数据等。

高空间分辨率遥感影像能够清晰表达城市空间分布、结构、纹理和细节信息，使人们可以在较小的空间尺度上观测城市细节。高分卫星影像已经在城市生态环境评价、城市规划、城市实景三维、城区地形图更新等方面有广泛应用。

SAR 数据能够有效提取城市关键建筑物的三维信息，尤其是能够精确监测城区地表形变。采用 InSAR 技术进行城市地表沉降监测、道路质量检测、滑坡监测等应用已经取得巨大成功。

LiDAR 数据也是重要的城市遥感变化检测数据。如第 5 章所述，基于 LiDAR 数据能够快速、准确地检测城市三维变化，提供高精度和快响应的变化检测成果。

无人机遥感数据对于快速掌握城市土地使用、违法建筑区域、非法占地以及应急救灾等信息有独特优势：①无人机飞行高度低，受大气条件影响较小，即使在有薄雾的情况下也可以航摄作业；②更靠近目标，分辨率更高，更清晰；③无人机遥感设备运输便利、升空准备时间短、操作简单，可快速到达监测区域，快速开展作业，得到数据；④使用成本和运营成本低，易于运行和维护。越来越多的集成无人机遥感系统投入应用，如无人机+LiDAR，无人机+高分辨率 CCD 相机等，这些系统充分利用了无人机平台低成本、灵活机动的特点，可以快速获得小范围、高精度、高时间分辨率的城市地表信息。

6.4.3　常用方法

城市变化检测主要包括建成区扩展、建筑物拆迁、湖泊及绿地被占用等方面的内容，其关键是对城市用地类型的变化，也就是经典的土地利用进行检测。绝大部分的城市变化检测都是进行这些内容的研究。

城市土地利用变化检测，目前还是基于像元灰度值、光谱特征、植被指数、纹理特征、几何特征等信息，进行先分类后比较的遥感变化检测方法，使用的分类器主要有支持向量机、随机森林、人工神经网络等，在对不同时相的分类数据进行比较，根据研究目标的具体特性，设置阈值，提取变化。并重点对土地利用类型转化情况做统计和分析。

6.4.4 案例

本案例介绍一种利用全空洞卷积神经元网络进行城市土地覆盖分类与变化检测的方法，采用一种用于分类的全空洞卷积神经元网络（Fully Atrous Convolutional Neural Network，FACNN）对影像进行分类，然后在分类的基础上，利用前期已有的 GIS 数据进行像素级和对象级的变化检测并得到变化图，成功实现对武汉市 8000km^2 面积的土地覆盖分类和变化检测。

1. 实验区域与数据

本实验的研究区域是武汉市，拥有约 8000km^2 的土地面积和超过 1000 万人口，武汉是九省通衢，是中部区域中心城市。城市的土地覆盖和土地利用 GIS 数据库需要每年更新，以往常采用人工方法绘制，效率低下、劳力成本高，本案例在本区域实验基于深度学习的方法代替人工发现变化区域。

采用 2014 年和 2017 年全武汉市的高分辨率遥感影像及其对应年份的土地覆盖 GIS 矢量图作为实验数据。其中，2014 年的武汉市影像数据由 491 张航空相片拼接而成，地面分辨率 0.5m。2017 年影像则是由北京二号卫星获取，处理后地面分辨率为 1m 的 RGB 影像。为了保证两期影像的分辨率相同，将 2014 年的影像进行重采样，达到 1m 分辨率。图 6-14 为实验数据展示。

选取了 4200 个有代表性的 512 × 512 像素大小的样本，其中 3500 个用于神经网络模型的训练和验证，700 个用于测试。

2. 实验方法

1）全空洞卷积神经网络

本案例采用一种基于 FCN 的改进神经网络模型 FACNN，即在原有一般 FCN 的基础上，用空洞卷积替换普通卷积。根据不同的空洞率，卷积发生在间隔一定像素的像元上，取代了传统卷积中对相邻像素的处理。此方法的优点是在不增加参数数量的情况下可扩大卷积神经网络的局部视野，从而使得网络包含的空间特征更加广阔。在此基础上，采用金字塔池化策略（Atrous Spatial Pyramid Pooling，ASPP），即同一卷积层采用不同采样率，并将使用不同采样率卷积后的特征图串联，这有助于对多尺度信息的精细表达。FACNN 基于 FCN 中经典的 U-Net 框架，包括一个编码阶段（左侧）和解码阶段（右侧）。同一尺度下的编码空间特征被串联到解码特征，用于学习更好的特征表达。前 3 层中（大小从 512×512 像素到 128×128 像素），每一层分别采用 rate＝1，2，3 的空洞卷积，每一层的上方数字表示特征图的个数。采样频率的锯齿状结构设计可以减少空洞卷积网格效应，同时兼顾不同大小物体的分割需求，以不同采样率关注不同尺度信息。在第 4 层中进行一次

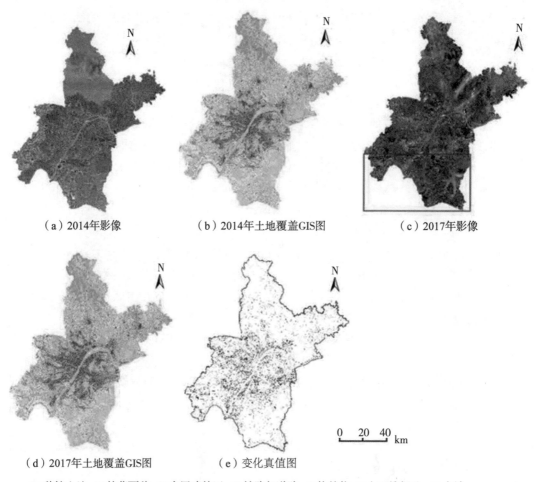

（a）2014年影像　　　　　　（b）2014年土地覆盖GIS图　　　　　　（c）2017年影像

（d）2017年土地覆盖GIS图　　　　（e）变化真值图

□种植土地　■林草覆盖　■房屋建筑区　□铁路与道路　■构筑物　■人工堆掘地　□水域

图 6-14　实验影像和 GIS 矢量地图数据及变化真值图（季顺平等，2020）

ASPP，从而得到包含不同感受野信息的特征。网络结构模型如图 6-15 所示。

　　2）基于分类结果的变化检测

　　以 FACNN 的分类结果为前提，利用影像和 GIS 数据制作训练样本并训练 FACNN，然后利用训练好的 FACNN 对当前影像进行分类，得到土地覆盖分类图。再与前一期的 GIS 矢量数据对比，如果同一地区土地覆盖类型不同，则该区域发生变化，得到变化图。本案例分别选取像素级和对象级两种统计方式检测结果的精度和效果。

　　（1）像素级变化监测，对比前后期影像每个像素的土地覆盖类型，土地覆盖类型不同的区域即为变化区域。

　　（2）对象级变化监测。一个变化区域（对象）由空间上连续的像素组成，若该对象中 35%以上的像素发生了真实变化，则判断该对象发生了变化。

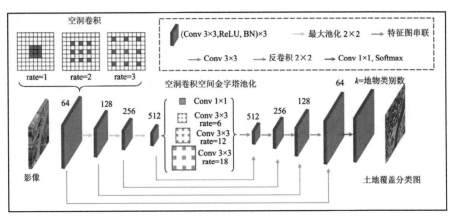

图 6-15 FACNN 结构示意图（季顺平等，2020）

3. 实验结果

1）土地覆盖分类实验

用 2017 年的 3500 个块样本训练本案例的 FACNN 网络，并对 700 个样本进行土地覆盖分类（红色块）。同时，对其他先进的深度学习方法进行比较实验，图 6-16 显示了本方法与其他方法土地覆盖分类结果的区别。由此可以看出，FCN-16 和 U-Net 产生了较大范围的种植土地（黄色）分类错误。Dense-Net 方法在第 2 张影像中错误分类了大量的林草覆盖（绿色），在最后一张影像中错误分类了大量的人工堆掘地（粉红色）。对比这些方法，案例方法得到的结果最接近于参考影像，说明 FACNN 能够有效处理复杂场景的分类问题。

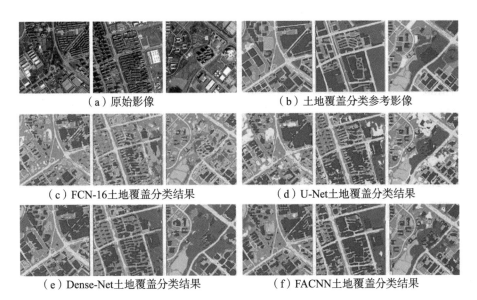

图 6-16 不同方法土地覆盖分类结果细节比较（季顺平等，2020）

在验证了 FACNN 效果优于其他算法后，利用训练好的 FACNN 对全武汉市的数据进行训练和测试，获得全武汉市的土地覆盖分类结果。分类结果如图 6-17 所示。

图 6-17　基于 FACNN 的土地覆盖分类结果（季顺平等，2020）

2）像素级变化检测结果

利用 2017 年的 FACNN 土地覆盖分类图与 2014 年土地覆盖类别真值进行差值对比，判断每个像素是否发生了变化，并统计了各项精度指标，如表 6-7 所示。

表 6-7　　　　　　　　像素级变化检测精度统计（季顺平等，2020）

区域	精度/%	召回率/%	F_1	OA
未变化区域	98.2	97.8	0.980	0.963
变化区域	67.7	37.8	0.485	

在未变化区域上各项指标都很高，而在变化区域上各项指标都有一定程度的降低。但由于未变化区域占绝大部分，所以总体精度 OA 达到 0.963。图 6-18 表现了像素级变化检测结果。

3）对象级变化检测结果

像素级的变化统计与核查不适合人工作业，而且会引入一些误差，因此本案例进一步以变化区域为目标对象，统计变化检测精度。

表 6-8 展现了对象级变化检测结果的精度。从 1839 个真实变化区域中检测出 1772 个，即真阳性（TP）为 96.4%；错误检测个数为 620，故假阳性（FP）为 25.9%。漏检率即假阴性（FN）为 3.6%，对象级变化检测的精度为 74.1%，召回率为 96.4%。而以像素级统计的变化区域的检测结果，精度仅为 67.7%，召回率仅为 37.8%。图 6-19 是整个预测区域的对象级变化检测结果图。由此可见，正确检测出的变化区域（绿色）占据

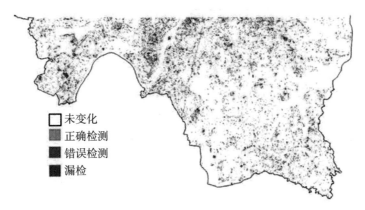

图 6-18　像素级变化检测结果图（季顺平等，2020）

所有变化区域的主要部分，误检区域（红色）占 25.9%，漏检部分（蓝色）非常少。

表 6-8　　　　　　　　　　　　**对象级变化检测精度统计（季顺平等，2020）**

项目	真实变化/个	预测变化/个	正确检测/个	TP/%	错误检测/个	FP/%	漏检/个	FN/%	精度/%	召回率/%
多边形数	1839	2392	1772	96.4	620	25.9	67	3.6	74.1	96.4

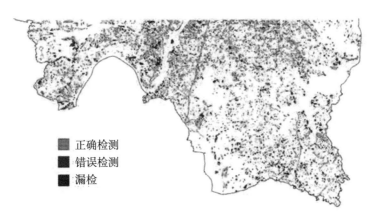

图 6-19　对象级变化检测结果图（季顺平等，2020）

　　本案例将 FACNN 的方法成功运用于城市级土地覆盖分类，并结合分类结果和 GIS 矢量图成功发现了当前影像的变化，通过分别统计像素级和对象级的变化检测精度，验证了案例所采取方法的独特优越性。

◎ **本章参考文献**

[1] 陈述彭. 城市化与城市地理信息系统 [M]. 北京：科学出版社, 1999.

[2] 陈哲夫. 高时空分辨率湖泊湿地水体水质信息重构与变化检测 [D]. 长沙：中南林业科技大学, 2016.

[3] 仇彤, 张祖勋, 张剑清. 从城市地区的 DSM 到 DTM [J]. 武汉测绘科技大学学报, 1997 (3)：237-239.

[4] 方针. 基于城区航空影像的变化检测 [D]. 武汉：武汉测绘科技大学, 1997.

[5] 郭利川. 基于遥感影像和地形图的水体提取及其半自动化变化检测 [D]. 武汉：武汉大学, 2005.

[6] 郭欣. 光学与 SAR 图像像素级融合的水体变化检测 [D]. 徐州：中国矿业大学（徐州）, 2019.

[7] 何茹. 一种面向对象的水体变化检测方法研究 [J]. 南方国土资源, 2019 (1)：39-43, 47.

[8] 季顺平, 田思琦, 张驰. 利用全空洞卷积神经元网络进行城市土地覆盖分类与变化检测 [J]. 武汉大学学报（信息科学版）, 2020, 45 (2)：233-241.

[9] 李德仁. 利用遥感影像进行变化检测 [J]. 武汉大学学报（信息科学版）, 2003, 28 (28)：7-12.

[10] 李向军. 遥感土地利用变化检测方法探讨 [D]. 北京：中国科学院研究生院（遥感应用研究所）, 2006.

[11] 李瑶. 内陆水体水色参数遥感反演及水华监测研究 [D]. 北京：中国科学院大学（中国科学院遥感与数字地球研究所）, 2017.

[12] 林蕾. 基于循环神经网络模型的遥感影像时间序列分类及变化检测方法研究 [D]. 北京：中国科学院大学（中国科学院遥感与数字地球研究所）, 2018.

[13] 刘直芳, 张剑清. 城区变化检测的一种方法 [J]. 测绘通报, 2001 (2)：1-2.

[14] 刘直芳. 基于 DSM 和影像特征的城市变化检测 [D]. 武汉：武汉大学, 2001.

[15] 穆西晗, 阎广建, 周红敏, 等. 小滦河流域复杂地表碳循环遥感综合试验 [J]. 遥感学报, 2021, 25 (4)：888-903.

[16] 彭文辉. 基于信息熵的合成孔径雷达图像水体变化检测 [D]. 北京：中国科学院自动化研究所, 2004.

[17] 秦慧杰, 高磊, 梁文广, 等. 面向对象的无人机影像水体变化监测方法 [J]. 水土保持通报, 2018, 38 (5)：256-260.

[18] 宋飞. 基于小型无人机图像配准的丘陵山区耕地变化监测研究 [D]. 昆明：云南师范大学, 2019.

[19] 孙伟伟, 杨刚, 陈超, 等. 中国地球观测遥感卫星发展现状及文献分析 [J]. 遥感学报, 2020, 24 (5)：4-35.

[20] 王巨. 基于时序 NDVI 植被变化检测与驱动因素量化方法研究 [D]. 兰州：兰州大学, 2020.

［21］王庆岩．面向植被遥感监测的高光谱图像分类技术研究［D］．哈尔滨：哈尔滨工业大学，2018.

［22］肖志强，王锦地，王鹧森．中国区域 MODIS LAI 产品及其改进［J］．遥感学报，2008（6）：993-1000.

［23］阎广建，赵天杰，穆西晗，等．滦河流域碳、水循环和能量平衡遥感综合试验总体设计［J］．遥感学报，2021，25（4）：856-870.

［24］杨振山，蔡建明．空间统计学进展及其在经济地理研究中的应用［J］．地理科学进展，2010，29（6）：757-768.

［25］于森．基于遥感时序分析的衡阳盆地耕地时空动态变化检测研究［D］．北京：中国地质大学（北京），2020.

［26］张良．基于多时相机载 LiDAR 数据的三维变化检测关键技术研究［D］．武汉：武汉大学，2014.

［27］张曦，王春林，黄祚继，等．面向对象多特征融合的水域岸线目标变化检测［J］．水利信息化，2020（1）：44-49.

［28］张祖勋，张剑清．数字摄影测量测量学［M］．武汉：武汉测绘科技大学出版社，1996.

［29］赵爽．复杂地表景观区域水稻面积遥感精确提取与时空变化分析［D］．北京：中国地质大学（北京），2018.

［30］郑威，陈述彭．资源遥感纲要［M］．北京：中国科学技术出版社，1995.

［31］周红敏，张国东，王昶景，等．塞罕坝地区高空间分辨率叶面积指数时序估算与变化检测［J］．遥感学报，2021，25（4）：1000-1012.

［32］左梦颖．基于高分二号数据的遥感影像融合方法研究［J］．科学技术创新，2017（11）：130-131.

［33］Privette J L, Myneni R B, Knyazikhin Y, et al. Early spatial and temporal validation of MODIS LAI product in Africa［J］. Remote Sensing of Environment, 2002, 83（1-2）: 232-243.

［34］Kennedy R E, Yang Z, Cohen W B . Detecting trends in forest disturbance and recovery using yearly Landsat time series: 1. LandTrendr—Temporal segmentation algorithms［J］. Remote Sensing of Environment, 2010, 114（12）: 2897-2910.

［35］Shepard J R. A concept of change detection［J］. Photogrammetric Engineering and Remote Sensing, 1964（30）: 648-651.

［36］Verbesselt J. BFAST: Breaks for additive seasonal and trend［J］. Drug Metabolism & Disposition the Biological Fate of Chemicals, 2007, 35（10）: 1806-1815.

［37］Wang F J. A knowledge-based vision system for detecting land changes at urban fringes［J］. IEEE Transactionon Geoscience and Remote Sensing, 1993, 31（1）: 136-145.

［38］Zhe Z, Woodcock C E. Continuous change detection and classification of land cover using all available landsat data［J］. Remote Sensing of Environment, 2013, 144（1）: 152-171.

[39] Zhu X, Gao F, Liu D, et al. A modified neighborhood similar pixel interpolator approach for removing thick clouds in landsat images [J]. Geoscience and Remote Sensing Letters, IEEE, 2012, 9 (3): 521-525.

[40] Zhu Z, Woodcock C E, Olofsson P, et al.. Continuous monitoring of forest disturbance using all available Landsat imagery [J]. Remote Sensing of Environment, 2012, 122: 75-91.

[41] 刘纪远, 宁佳, 匡文慧, 等. 2010—2015 年中国土地利用变化的时空格局与新特征 [J]. 地理学报, 2018, 73 (5): 789-802.

[42] 闫霈, 张友静, 张元. 利用增强型水体指数 (EWI) 和 GIS 去噪音技术提取半干旱地区水系信息的研究 [J]. 遥感信息, 2007 (6): 6.

[43] Jonsson P, Eklundh L. Seasonality extraction by function fitting to time-series of satellite sensor data [J]. IEEE Transactions on Geoscience & Remote Sensing, 2002, 40 (8): 1824-1832.